Selena Gress

# Armazenamento de carbono no subsolo das florestas de mangue

Selena Gress

# Armazenamento de carbono no subsolo das florestas de mangue

ScienciaScripts

**Imprint**
Any brand names and product names mentioned in this book are subject to trademark, brand or patent protection and are trademarks or registered trademarks of their respective holders. The use of brand names, product names, common names, trade names, product descriptions etc. even without a particular marking in this work is in no way to be construed to mean that such names may be regarded as unrestricted in respect of trademark and brand protection legislation and could thus be used by anyone.

Cover image: www.ingimage.com

This book is a translation from the original published under ISBN 978-620-2-06808-6.

Publisher:
Sciencia Scripts
is a trademark of
Dodo Books Indian Ocean Ltd. and OmniScriptum S.R.L publishing group

120 High Road, East Finchley, London, N2 9ED, United Kingdom
Str. Armeneasca 28/1, office 1, Chisinau MD-2012, Republic of Moldova, Europe
Printed at: see last page
ISBN: 978-620-7-94817-8

# ÍNDICE DE CONTEÚDOS


LISTA DE ABREVIATURAS............................................................................2

AGRADECIMENTOS ..................................................................................3

RESUMO....................................................................................................4

CAPÍTULO 1: INTRODUÇÃO ........................................................................6

CAPÍTULO 2: QUANTIFICAÇÃO DAS RESERVAS DE CARBONO SUBTERRÂNEAS E EXPLORAÇÃO DOS MÉTODOS UTILIZADOS ...............................................24

CAPÍTULO 3: QUAN TIFICAR AS RESERVAS DE CARBONO SUBTERRÂNEAS NUM SEGUNDO SÍTIO (VANGA) E DESENVOLVER UM MODELO DE PREVISÃO......................56

CAPÍTULO 4: MAPEAMENTO DO CARBONO SUBTERRÂNEO DOS MANGAIS NO QUÉNIA. 74

CAPÍTULO 5: DETECÇÃO DOS IMPACTOS DA DEGRADAÇÃO FLORESTAL NO CARBONO SUBTERRÂNEO DOS MANGAIS: UMA EXPLORAÇÃO DE ABORDAGENS EXPERIMENTAIS E DE LEVANTAMENTO DE CAMPO ........................................................88

CAPÍTULO 6: RESUMO E CONCLUSÕES .................................................... 111

Referências............................................................................................ 118

# LISTA DE ABREVIATURAS

| Acronym | Definition |
| --- | --- |
| BGC | Belowground Carbon |
| AGB | Aboveground Biomass |
| NPP | Net Primary Production |
| GPP | Gross Primary Production |
| CO2 | Carbon Dioxide |
| SOC | Soil Organic Carbon |
| GiK | Gaps in Knowledge |
| POC | Particulate Organic Carbon |
| DOC | Dissolved Organic Carbon |
| TOC | Total Organic Carbon |
| Avi | *Avicennia marina* |
| Avi Mix | *Avicennia marina* Mix |
| Rhizo | *Rhizophora mucronata* |
| Rhizo Mix | *Rhizophora mucronata* Mix |
| Ceriops | *Ceriops tagal* |
| LOI | Loss on Ignition |
| OM | Organic Matter |
| IW | Initial Weight |
| LW | LOI Weight |
| CC | Carbon Concentration |
| CD | Carbon Density |
| BD | Bulk Density |
| DW | Dry Weight |
| V | Volume |
| BGC1m | Belowground Carbon to 1m |
| BGCmd | Belowground Carbon to Mean Sediment Depth |
| DFC | Distance from the Coast |
| HACD | Height Above Chart Datum |
| AIC | Akaike Information Criterion |
| GIS | Geographic Information System |
| REDD | Reducing Emissions from Deforestation and Forest Degradation |
| PES | Payment for Environmental Services |

# AGRADECIMENTOS

Em primeiro lugar, gostaria de agradecer ao meu diretor de estudos, Dr. Rob Briers, pelo seu apoio, paciência e encorajamento sem fim. O seu vasto conhecimento em estatística e no ArcGIS foi extremamente valioso e salvou o dia muitas vezes quando o R e o ArcGIS me deixaram perplexo. Mark Huxham, que me apoiou imenso e que me encorajou inicialmente a fazer um doutoramento. Ambos me orientaram não só na ecologia dos mangais, mas também no domínio da ciência em geral; agradeço a ambos o apoio que me deram. Um grande obrigado também à Katrina Drennan pela sua ajuda (e divertimento) nos laboratórios.

Estou muito grato à Edinburgh Napier University por ter financiado os custos do meu doutoramento. Esta investigação foi possível graças à estreita colaboração com o Kenya, Marine and Fisheries Research Institute (KMFRI). O trabalho de campo nos mangais é incrivelmente difícil (especialmente naquelas florestas lamacentas de *Rhizophora*) e o pessoal do KMFRI ajudou a torná-lo possível com as suas excelentes capacidades e conhecimentos de navegação; obrigado Alfred Obinga, Nema Pasu e Laitani Suleiman Kumbambanya. Obrigado aos assistentes adicionais do trabalho de campo, especialmente à Marta, que sempre me manteve animado e fez um esforço extra para obter os dados de que precisávamos. Obrigado à Karin Viergever por fornecer os dados SPOT (originalmente fornecidos pela Planet Action). A cartografia também foi possível graças ao mapa de distribuição de espécies de 1992 produzido por Bernard Kirui. Gostaria também de agradecer a Martin Skov por ter fornecido os dados sobre a degradação florestal em Zanzibar.

Aos meus amigos mais próximos, obrigada pela vossa amizade, motivação e por me ajudarem nos momentos difíceis.

Por último, mas não menos importante, quero agradecer à minha família fantástica: a minha mãe Lynda, o meu pai Reinhard e o meu irmão Justin. Não estaria onde estou agora sem o amor e o apoio inabaláveis de todos vós nos momentos difíceis. Quando mais precisei de vós, estiveram sempre presentes. A vossa força, ética e compaixão pelos outros e pelo ambiente são uma inspiração para mim.

# RESUMO

Cobrindo aproximadamente 138 000 km$^2$ , os mangais são uma das maiores reservas de carbono do mundo, com valores de densidade de carbono 3 a 4 vezes superiores aos das florestas terrestres. O corte e a limpeza das florestas de mangal para fins de aquacultura, turismo, agricultura e desenvolvimento costeiro são responsáveis por ~0,7% da perda anual de mangais e resultam em perdas substanciais de reservas de carbono subterrâneas (BGC). Um dos principais desafios na avaliação dos benefícios de carbono decorrentes da conservação dos mangais é a falta de estimativas rigorosas e espacialmente resolvidas das reservas de carbono dos sedimentos dos mangais. A maioria dos estudos tem-se concentrado na quantificação do 1m superior de BGC, no entanto, os efeitos da profundidade para além de 1m, das espécies de mangais, da degradação florestal (em vez da limpeza da floresta), da localização e do contexto ambiental nas reservas de carbono são muito menos bem compreendidos. Os objectivos desta tese foram 1) explorar os métodos utilizados para calcular o BGC e as variáveis que o influenciam em dois locais diferentes de mangais do Quénia, 2) produzir um modelo preditivo de BGC específico para o Quénia, 3) estimar e mapear as reservas de BGC em todo o Quénia a escalas espaciais relevantes para a investigação das alterações climáticas, gestão florestal e REDD+ (Redução das Emissões da Desflorestação e Degradação) e 4) investigar os efeitos da degradação florestal no BGC em Zanzibar, Tanzânia.

A densidade de carbono foi significativamente diferente entre os grupos de espécies (com os locais de *Rhizophora mucronata* a apresentarem os valores mais elevados), no entanto, não foi encontrado qualquer efeito da profundidade até 3 m, demonstrando que as reservas de BGC dos mangais são subestimadas quando se considera apenas o 1 m superior. As reservas de BGC foram significativamente diferentes entre grupos de espécies, sem efeito evidente do local; *Rhizophora mucronata* e Ceriops *tagal* tiveram os valores mais altos e mais baixos, com médias de 1485 t C ha$^{-1}$ e 1013 t C ha$^{-1}$ , respetivamente. Em consonância com outros estudos, a biomassa acima do solo teve uma relação positiva fraca com a BGC em ambos os locais estudados. Com apenas as diferenças de espécies nos níveis de BGC retidos como um preditor, o modelo final para prever BGC em toda a costa do Quénia foi derivado como uma série de equações dando o BGC médio (t ha$^{-1}$ ) para a profundidade média para cada grupo de espécies.

A aplicação do modelo preditivo baseado em espécies a um mapa de base da distribuição de espécies no Quénia com uma resolução de 2,5 m$^2$ produziu uma estimativa de 69,41 Mt C (± 9,15 95% C.I.) para BGC nos mangais quenianos. A comparação das estimativas de

BGC entre 1992 e 2010 revelou uma perda estimada de 6,24 Mt C no Quénia devido à perda de floresta de mangue. Curiosamente, a perda de BGC durante este período foi de 8,3%, o que foi inferior à perda espacial registada de 12,1%.

O impacto a curto prazo do corte experimental (árvores cortadas logo acima da altura da raiz, deixando um cepo) na BGC resultou numa perda de reservas de C comparável à da limpeza total da floresta; aproximadamente 30 t C ha$^{-1}$ no prazo de 9 meses após o corte. No entanto, os efeitos da degradação florestal na BGC em locais em Zanzibar foram difíceis de detetar utilizando abordagens observacionais, em oposição às experimentais;

O BGC era altamente variável, com múltiplos factores de confusão potenciais, como o tempo decorrido desde a degradação, pelo que os efeitos não podiam ser previstos com base nas medidas acima do solo aqui utilizadas.

Os resultados actuais reforçam o pressuposto geral de que os mangais têm grandes reservas de carbono e sugerem que essas reservas são geralmente subestimadas, particularmente porque as profundidades superiores a 1 m são ignoradas. Estimativas a 2,5m$^2$ mapas de resolução fornecem detalhes suficientes para destacar e priorizar áreas para resultados práticos de gestão, como a identificação de locais prováveis de REDD+.

# CAPÍTULO 1: INTRODUÇÃO

## 1.1. Alterações climáticas e sumidouros de carbono

As concentrações de gases com efeito de estufa têm flutuado naturalmente em escalas temporais paleo, no entanto, no último século, as emissões antropogénicas de gases com efeito de estufa aumentaram significativamente (IPCC 2013). Estes gases com efeito de estufa incluem o dióxido de carbono ($CO_2$), o metano ($CH_4$), o óxido nitroso ($N_2O$) e os clorofluorocarbonetos (CFC). O aumento do $CO_2$ atmosférico deve-se principalmente à queima de combustíveis fósseis, que liberta $CO_2$ e partículas de fuligem (IPCC 2013). Os níveis de CH4 aumentaram 2,5 vezes desde a era pré-industrial devido, em grande parte, à agricultura, sendo o gás proveniente da fermentação ruminal do gado, dos excrementos dos animais e dos fertilizantes azotados (que também são responsáveis pelo aumento do $N_2O$) (IPCC 2013). Os CFC podem ser encontrados em muitos produtos fabricados pelo homem, como aerossóis, líquido de refrigeração em frigoríficos ou solventes. O efeito de estufa natural é o que mantém o clima da Terra, mas o aumento destes gases conduziu a um aumento do efeito de estufa que resultou em alterações climáticas induzidas antropogenicamente (IPCC 2013).

O aumento das emissões de $CO_2$ é responsável por mais de metade do aumento do efeito de estufa na atmosfera; desde a revolução industrial, as concentrações de $CO_2$ aumentaram 40%. Em 1958, a primeira medição de $CO_2$ efectuada foi de 315ppmv (partes por milhão por volume) (IPCC 2013). Desde então, registou-se um aumento médio da concentração de $CO_2$ de 1,9 ppmv por ano entre 1995 e 2011 (IPCC 2013). Em 2011, a concentração de $CO_2$ atingiu 391 ppmv, o nível mais elevado registado em 800 000 anos através da análise de núcleos de gelo (IPCC 2013).

As temperaturas médias terrestres globais na última década foram mais elevadas do que em qualquer outra década nos últimos 140 anos (IPCC 2013). O registo mostra um aquecimento de 0,45 +/- 0,15° C desde o final do século XIX, que até 2065 deverá atingir 1-2° C (IPCC 2013). Esta situação resultou na subida do nível do mar devido à expansão térmica e ao degelo das massas de gelo terrestres. Desde 1961, o nível do mar subiu 1,3-2,3 mm por ano$^{-1}$ , mas desde 1993 aumentou para 3,1 mm por ano$^{-1}$ (IPCC 2013). Até 2065, prevê-se que suba mais 24-30 cm. Em 2100, este aumento será de 40-63 cm (IPCC 2013). Devido aos desfasamentos temporais no sistema climático, existe um "compromisso" de subida do nível do mar e de aumento da temperatura, mesmo que as emissões de gases com efeito de estufa fossem agora substancialmente reduzidas. Prevê-se que o "compromisso" de aumento da temperatura seja de 0,2° C por década nas primeiras décadas após a estabilização das emissões. No entanto, a maior ameaça provém das alterações climáticas extremas e não das alterações climáticas médias.

Uma questão fundamental para compreender as alterações climáticas e o destino do $CO_2$ emitido pelo homem é determinar o potencial de fixação do carbono pelos ecossistemas naturais (sumidouros terrestres, costeiros e oceânicos). Isto permitiria conhecer o papel atual destes ecossistemas no ciclo do carbono e, por conseguinte, compreender o seu valor e potencial para reduzir a quantidade de $CO_2$ na atmosfera. As actuais estimativas quantitativas das fontes e sumidouros de $CO_2$ não são equilibradas. A partir dos modelos do ciclo do carbono, o aumento atmosférico observado do $CO_2$ é inferior ao esperado. Isto sugere que o nosso conhecimento atual dos sumidouros naturais de carbono é inadequado. De acordo com o IPCC (2013), entre 2002 e 2011, as emissões de combustíveis fósseis e de alterações do uso do solo foram estimadas em 8,3 ± 0,7 Gt C yr$^{-1}$ e 0,9 ± 0,8 Gt C yr$^{-1}$, respetivamente. A taxa de crescimento atmosférico foi de 4,1 ± 0,1 Gt C yr$^{-1}$, o que sugere que a diferença de aproximadamente 4,2 Gt C yr$^{-1}$ foi sequestrada através de ecossistemas naturais, terrestres e marinhos (IPCC 2013).

O carbono armazenado na biomassa das plantas é designado por carbono verde. As plantas clorofiladas absorvem $CO_2$ para a fotossíntese e o carbono é armazenado sob a forma de biomassa; as folhas, a casca, o caule, etc. As plantas com elevada produção primária líquida (PPL) são aquelas com elevada produtividade e baixa respiração de $CO_2$, uma vez que a PPL = PPL (produção primária bruta) □ respiração. Um ecossistema com elevada NPP pode atuar como um reservatório de carbono, uma vez que a absorção de $CO_2$ é superior ao que é expelido/perdido. Os sumidouros de carbono terrestres incluem os ecossistemas boreais, tundra, temperados e pradarias, no entanto, as florestas tropicais têm a maior absorção de $CO_2$, variando entre 0,72 e 1,3 Pg C yr$^{-1}$ (Nellemann *et al.* 2009).

De todo o carbono verde sequestrado no mundo, cerca de metade (estimativas de 45-55%) é capturado por organismos vivos marinhos, e não em terra (Le Quere *et al.* 2009; Nelleman *et al.* 2009). O termo carbono azul inclui estes organismos vivos marinhos, bem como os sedimentos marinhos. Tem sido dada atenção aos ecossistemas marinhos devido ao facto de o oceano ser o maior sumidouro a longo prazo e ao facto de 93% de todo o $CO_2$ passar pelos oceanos (Nellemann *et al.* 2009). Este ciclo oceânico do carbono é dominado pelo micro, nano e picoplâncton, incluindo bactérias e archaea (Burkill *et al.* 2002). Apesar de a biomassa vegetal nos oceanos ser apenas uma fração da existente em terra (0,05%), os sedimentos destes ecossistemas são importantes sumidouros de carbono (Bouillon *et al.*

2008; Houghton 2007).

## 1.2. Papel dos sedimentos no armazenamento de BGC

O carbono é retido num ecossistema terrestre através da biomassa das plantas acima (por exemplo, folhas) e abaixo do solo (raízes), mas também no solo ou nos sedimentos. O carbono orgânico do solo constitui aproximadamente dois terços do carbono nos ecossistemas terrestres (Dixon *et al.* 1994). O carbono entra no solo sob a forma de matéria orgânica do solo (SOM) a partir de tecidos vegetais mortos, incluindo folhas (folhada) e raízes. Em alguns ecossistemas, o processo de decomposição da folhada e das raízes é lento e alguma matéria orgânica é retida e não totalmente decomposta ou exportada para ecossistemas vizinhos (Bouillon *et al.* 2003).

Ao descrever os ecossistemas terrestres, utiliza-se o termo "solo", pelo que, ao referirmo-nos aos ecossistemas marinhos, utilizaremos doravante o termo "sedimento". Os solos terrestres contêm mais carbono do que a biomassa acima do solo e a atmosfera combinadas (Fontain *et al.* 2007). Isto explica por que razão o mapeamento da distribuição e o cálculo das actuais reservas de carbono no solo terrestre e nos sedimentos marinhos é atualmente um tema de investigação ativo.

Alguns solos armazenam mais carbono do que outros. Por exemplo, estima-se que os solos turfosos armazenam 60% do carbono terrestre (Bullock *et al.* 2012), mas representam apenas 3% da massa terrestre global. Os ecossistemas florestais também armazenam uma quantidade significativa de carbono sob a forma de biomassa e de carbono orgânico do solo (SOC). Com as práticas corretas de utilização e gestão dos solos, poderiam ser sequestrados 60-87 Pg de carbono ao longo de um período de 50 anos através da florestação, reflorestação e agro-silvicultura (Brown *et al.* 1996). Devido ao elevado tempo de permanência do carbono no solo, este tem potencial para ser um sumidouro muito importante.

## 1.3. Carbono azul e sedimentos marinhos

O carbono azul pode ser armazenado como carbono orgânico oceânico ou em ecossistemas marinhos costeiros com vegetação (Duarte *et al.* 2005). O carbono oceânico inclui sedimentos de mar profundo, de plataforma e de estuário. Os sedimentos da plataforma marinha e os estuários captam entre 235-450 Tg C $yr^{-1}$ , o que equivale a quase metade das emissões anuais do sector dos transportes (Nellemann *et al.* 2009).

Desde o início da era industrial, os oceanos têm vindo a absorver aproximadamente 1/3 do $CO_2$ antropogénico (IPCC 20013). De acordo com Manning & Keeling (2006), nas últimas duas décadas, 2.000 Tg C yr⁻¹ foram absorvidos da atmosfera e armazenados em grande parte como carbono inorgânico dissolvido (DIC) nos oceanos. Na década de 1980, este valor era de 1800 Tg C yr⁻¹ e aumentou para 2200 Tg C yr⁻¹ na década de 1990 (Nellemann *et al.* 2009). Este facto demonstra o potencial e a importância dos oceanos nos próximos anos com o aumento dos níveis de CO2. No entanto, mais de metade do CO2 antropogénico absorvido pelas águas oceânicas é armazenado nos 400 m superiores de água, o que não tem um longo tempo de residência, uma vez que pode voltar a entrar em equilíbrio com a atmosfera em poucas décadas (Nellemann *et al.* 2009).

As reservas de carbono oceânico também provêm do fitoplâncton, que absorve CO2 para crescer (produtividade primária). A produção primária do fitoplâncton excede o necessário para manter a cadeia alimentar, pelo que o excesso de matéria orgânica (MO) afunda-se e acumula-se no fundo do mar. O oceano profundo armazena 6 Tg C yr⁻¹ (Nellemann *et al.* 2009) que é retido durante escalas de tempo muito mais longas, no entanto, este valor é 180 vezes inferior às taxas de enterramento de carbono da vegetação costeira de carbono azul (Nellemann *et al.* 2009).

A vegetação costeira marinha é um importante sumidouro de carbono azul devido às suas elevadas taxas de produtividade primária e ao rácio produção/biomassa (Nellemann *et al.* 2009). Até 70% das reservas totais de carbono oceânico encontram-se nos ecossistemas costeiros, apesar de cobrirem apenas 0,5% do fundo do mar (Nellemann *et al.* 2009). Os ecossistemas costeiros não só enterram o carbono derivado da sua própria produção, como também promovem a sedimentação, alterando a turbulência e a ação das ondas. As ervas marinhas aprisionam partículas arrastadas na água que perdem o seu momento no impacto com as folhas, promovendo assim a sedimentação de material em suspensão, como o fitoplâncton (Nellemann *et al.* 2009; Gacia *et al.* 2002). As ervas marinhas são responsáveis por cerca de 15% do armazenamento de carbono no oceano, com uma taxa de enterramento entre 27 e 40 Tg C yr⁻¹ (Laffoley & Grimsditch 2009). Os pântanos salgados das marés podem armazenar até 430 Tg C globalmente nos 50 cm superiores de sedimento (Laffoley & Grimsditch 2009). Este valor pode ser consideravelmente superior devido ao facto de alguns sapais de maré atingirem profundidades de vários metros (Laffoley & Grimsditch 2009). A taxa máxima registada de enterramento de carbono num pântano salgado foi de 17,2 t C ha⁻¹ yr⁻¹ (Laffoley & Grimsditch 2009). Os mangais cobrem 138.000 km² da costa e têm uma taxa de enterramento de carbono estimada em 18,4 Tg C yr⁻¹ (Giri *et al.* 2010; Laffoley & Grimsditch 2009; Bouillon *et al.* 2008). Estimativas mais recentes de taxas de enterramento de carbono em manguezais por Alongi (2012) foram calculadas em

13,5 Tg C yr$^{-1}$. Diferenças tão significativas entre esses valores sugerem que ainda há incerteza nas taxas de enterramento de carbono dos manguezais.

A obtenção de uma melhor compreensão da importância destes sistemas de carbono azul é uma questão sensível ao tempo, uma vez que as zonas húmidas costeiras estão a diminuir a um ritmo quatro vezes mais rápido do que as florestas tropicais terrestres (Duarte *et al.* 2008). Os mangais, as ervas marinhas e os pântanos salgados estão a diminuir globalmente todos os anos a uma taxa de aproximadamente 0,7%, 7% e 1,5%, respetivamente (Kirui *et al.* 2013; Nellemann *et al.* 2009; Waycott *et al.*, 2009; Duarte *et al.* 2008). Nos cenários actuais, a maior parte dos sumidouros azuis de carbono perder-se-á nas próximas duas décadas (Nellemann *et al.* 2009).

## 1.4. Carbono da floresta de mangue

Os mangais são árvores ou arbustos que se desenvolvem ao longo das costas das regiões tropicais e subtropicais. Normalmente, as florestas de mangais são periodicamente inundadas pela maré ou estão encharcadas, causando sedimentos anaeróbicos e salinos. Estão bem adaptados morfológica e fisiologicamente para se desenvolverem nestes ambientes adversos. Para além de constituírem um sumidouro natural de carbono, os mangais prestam uma vasta gama de serviços sociais e ambientais, por exemplo, filtrando os nutrientes entre a terra e o mar, contribuindo para a proteção da linha costeira, fornecendo recursos pesqueiros comerciais e servindo de viveiros para peixes e crustáceos costeiros (Ronnback *et al.* 2007).

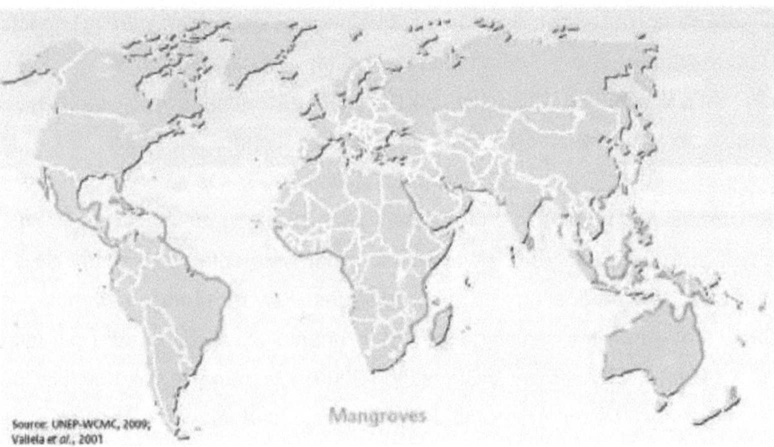


Figura 1: Extensão global da distribuição das florestas de mangue (UNEP & WCMC 2009)

Dada a sua pequena extensão global, os mangais são responsáveis por uma quantidade desproporcionada do ciclo global do carbono (Bouillon *et al.* 2008). As florestas de mangue são caracterizadas por terem uma elevada assimilação de carbono e taxas de decomposição lentas devido às condições anaeróbias dos sedimentos costeiros em que crescem (Laffoley & Grimsditch 2009). Diz-se que as taxas de decomposição nos mangais são muito mais lentas do que nas florestas terrestres de latitudes semelhantes (Silver & Miya 2001). As taxas de renovação da folhada variam consoante a hidrologia e a bioquímica do sedimento, com taxas que vão de 5,2 a 12,8 Mg ha yr$^{-1}$ (Coronado-Molina *et al.* 2012). Com taxas de decomposição tão lentas, estas florestas podem, portanto, conter sedimentos orgânicos até vários metros de profundidade (via acumulação de sedimentos) e estão entre as maiores reservas de carbono orgânico na biosfera marinha (Donato *et al.* 2011). Firgure ? e ?? resumem os processos de entrada e saída das florestas de mangue e o destino do carbono do mangue.

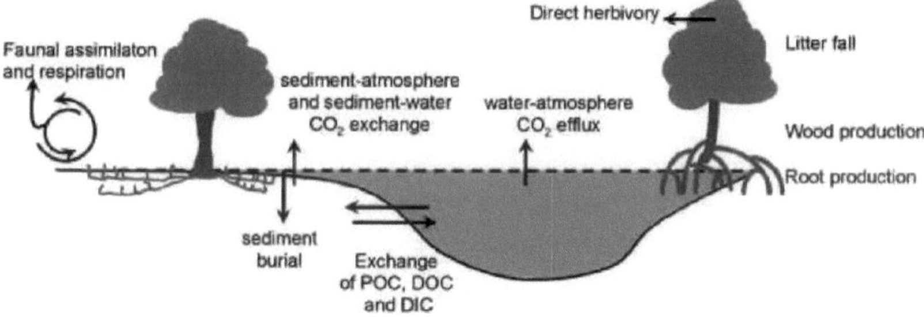


Figura 2: Resumo dos principais componentes dos orçamentos de carbono dos mangais considerados: produção primária (queda de lixo, madeira e produção de raízes) e vários termos de sumidouros (Boullion *et al.* 2008).

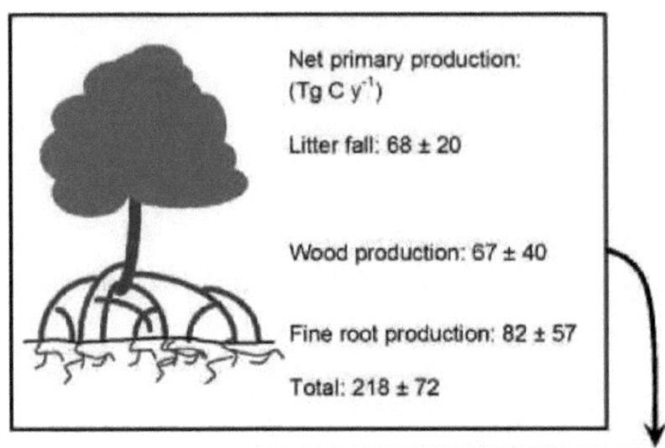


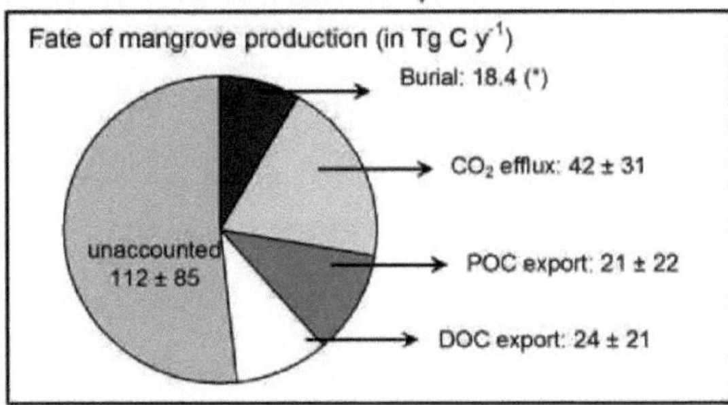


Figura 3: Síntese das estimativas actuais da literatura sobre o destino da produção dos mangais e uma comparação com as nossas estimativas de NPP total (Boullion *et al.* 2008).

Como o carbono azul é uma área de investigação emergente, existem ainda muitas lacunas de conhecimento (GiK) em torno dos mangais que precisam de ser abordadas. Nem todas elas podem ser abordadas no presente trabalho, mas serão destacadas e discutidas (ver secção 1.7. para os Gik's que serão abordados nesta tese). Em primeiro lugar, existe uma grande incerteza nos fluxos de carbono (GiK1) e, por conseguinte, no destino do carbono (GiK2) nos ecossistemas de mangais (Bouillon *et al.* 2008). A profundidade dos sedimentos destes ecossistemas costeiros altamente produtivos é desconhecida em muitos locais (GiK3) e as densidades de carbono a estas profundidades também são desconhecidas (GiK4). Por conseguinte, existe ainda incerteza quanto às reservas de carbono subterrâneo dos ecossistemas de mangais (GiK5). Os mapas que mostram a distribuição do carbono dos mangais para utilização em projectos de gestão e conservação ainda não existem em geral (GiK6), o que significa que ainda há incerteza quanto às reservas totais de carbono (acima e abaixo do solo) nestes ecossistemas à escala nacional e global (GiK7).

É necessário quantificar as reservas de carbono dos mangais para obter uma imagem exacta da verdadeira extensão das reservas de carbono dos mangais e avaliar o seu valor e importância. Para tal, é necessário medir a profundidade dos sedimentos dos mangais, a densidade de carbono ao longo da profundidade dos sedimentos e a extensão da área dos mangais para calcular as reservas totais de carbono nos mangais (GiK3-7, conforme discutido na página 9).

Embora os dados relativos à superfície estejam agora bem estabelecidos, o conhecimento do teor de carbono subterrâneo é ainda incompleto (GiK3-7). A maioria dos estudos realizados até à data só considerou profundidades de sedimento até 1-2m, pelo que as estimativas actuais de reservas médias de BGC entre 479 t C ha$^{-1}$ e 1171 t C ha$^{-1}$ são possivelmente subestimativas significativas (Donato *et al.* 2011; Kauffman *et al.* 2011; Cuc *et al.* 2009; Fujimoto *et al.* 1999).

Evidências recentes mostram que a concentração de carbono dos sedimentos de mangue varia com a profundidade (Donato *et al.* 2011). Como isso não foi extensivamente pesquisado para profundidades significativas de sedimentos, há uma necessidade de um estudo mais aprofundado sobre o carbono do mangue abaixo do solo, a fim de produzir um perfil de sedimentos (GiK4).

A produção primária dos mangais totaliza 218 Tg C yr$^{-1}$ , no entanto, até 50% do carbono fixado pelos mangais não é contabilizado (Bouillon *et al.* 2008). Com valores de produção de mangais de 18,4, 42, 21 e 24 Tg C yr$^{-1}$ para o enterramento de carbono de mangais, efluxo de $CO_2$, exportação de POC e exportação de DOC, respetivamente, restam aproximadamente 112 Tg C yr$^{-1}$ não contabilizados (Bouillon *et al.* 2008). Este facto sugere que a totalidade ou parte deste valor pode ser explicado pelo enterramento de carbono. A drenagem de águas subterrâneas também pode explicar parte do carbono não contabilizado. Este facto realça a possibilidade de o carbono dos sedimentos dos mangais ter sido subestimado e sublinha a falta de conhecimentos nesta área.

## 1.5. Efeito da gestão e degradação dos ecossistemas costeiros

Enquanto reservatórios de carbono, os solos e os sedimentos são também fontes potenciais de emissões de carbono; as alterações na utilização dos solos ou as práticas de gestão ineficazes podem ter um enorme impacto nas alterações climáticas. As alterações do uso do solo, como a desflorestação, podem resultar na perda de reservas de carbono do solo através da alteração do equilíbrio entre a fixação e a perda de carbono. A necessidade de terras para a produção de alimentos e de energias renováveis pode influenciar as reservas terrestres de carbono através de alterações na utilização dos solos (Ostle *et al.* 2009). Por exemplo, as turfeiras foram drenadas para a agricultura e colhidas para combustível a uma escala industrial, o que resultou na perda de 36% das turfeiras elevadas na Irlanda entre 1995 e 2005 (Bullock *et al.* 2012). Howe *et al.* (2009) concluíram que, embora as zonas húmidas perturbadas (devido à atividade urbana e agrícola) no sudeste da Austrália tenham diminuído o armazenamento de carbono através da libertação de $CO_2$ (65% e 60% de declínio nos locais de mangais e sapais, respetivamente), tiveram um aumento na taxa de sequestro de carbono (15% e 55% Mg m$^{-3}$ nos locais de mangais e sapais, respetivamente). Isto sugere que a alteração do uso do solo, embora reduza as actuais reservas de carbono dos sedimentos, pode contrariar esta perda através do aumento da taxa de fixação de carbono após a perturbação (Howe *et al.* 2009).

A desflorestação e a alteração do uso do solo em geral são atualmente responsáveis por cerca de 12,5% das emissões globais de $CO_2$, ficando atrás apenas da combustão de combustíveis fósseis (Houghton *et al.* 2012; Friedlingstein *et al.* 2010). A limpeza de terras na Indonésia em 1997 fez com que as emissões de $CO_2$ aumentassem 13-40% em relação às emissões anuais globais de combustíveis fósseis. As áreas de mangue em todo o mundo sofreram uma redução de 35%, metade da qual ocorreu nos últimos 30 anos, principalmente devido à mudança no uso da terra (Granek & Ruttenberg 2008). As taxas de desflorestação dos mangais foram estimadas em 1-2% por ano (Duke *et al.* 2007). Isto ameaça a emissão de reservas de carbono dos mangais (sob a forma de $CO_2$) comparáveis ao colapso das turfeiras noutros ecossistemas tropicais (Lovelock *et al.* 2011). Se a limpeza dos mangais não for gerida, tal significaria também a perda de um dos mais importantes sumidouros naturais de carbono.

Numa escala local, muitas comunidades costeiras nos países em desenvolvimento dependem dos mangais como uma fonte vital de rendimento através do fornecimento de uma série de produtos naturais, tais como lenha, material de construção, medicamentos e como importantes zonas de pesca (Laffoley & Grimsditch 2009). As evidências mostram que esse desmatamento/degradação em pequena escala pode resultar em uma perda substancial de carbono (Lang'at *et al.* 2014; Houghton 2012; Johnson & Curtis 2001). Sabe-se que os mangais suportam uma série de fauna e actuam como viveiros para muitos peixes comerciais e não comerciais (Laffoley & Grimsditch 2009). A perda de florestas de mangais teria, por conseguinte, um impacto negativo significativo nas comunidades circundantes (Laffoley & Grimsditch 2009). Sem medidas de controlo da degradação e da desflorestação, as florestas de mangais continuarão a diminuir (Granek & Ruttenberg 2008). Com a probabilidade de os impactos antropogénicos continuarem a aumentar nas zonas costeiras de todo o mundo, é importante compreender melhor como a perda ou modificação destes habitats pode afetar as reservas de BGC (GiK8).

# 1.6. Principais fontes de incerteza nas actuais estimativas de armazenamento de carbono nos mangais

Algumas destas lacunas de conhecimento já foram mencionadas anteriormente e outras serão aqui discutidas em maior profundidade. Ver Quadro 1 para uma lista das lacunas de conhecimento.

Quadro 1: Resumo das lacunas de conhecimento.

| GiK | Tópico |
| --- | --- |
| GiK1 | Fluxos de carbono |
| GiK2 | Destino do carbono |
| GiK3 | Extensão da profundidade dos sedimentos |
| GiK4 | Efeito da profundidade na densidade do carbono |
| GiK5 | Extensão das lojas BGC |
| GiK6 | Mapas da distribuição das lojas BGC |
| GiK7 | Estimativas de lojas BGC à escala nacional e mundial |
| GiK8 | Efeito da degradação florestal na BGC |
| GiK9 | Efeito das espécies na BGC |
| GiK10 | Idade de corte mais eficaz para a prevenção da perda de BGC |
| GiK11 | Relação entre o BAG e o BGC |
| GiK12 | Efeito da configuração costeira (distância da costa e inundação pelas marés) e BGC |
| GiK13 | Variabilidade interna do país em BGC |
| GiK14 | Efeito das alterações sazonais na BGC |
| GiK15 | Efeito da bioquímica (especialmente do azoto) na BGC |
| GiK16 | Origem do carbono nos sedimentos dos mangais |

## 1.6.1. Profundidade do sedimento da floresta de mangue

Existem muito poucos dados sobre a profundidade total dos sedimentos dos mangais. Alguns estudos revelaram profundidades até 10 m, no entanto, verificou-se que a OM diminui significativamente com a profundidade e, portanto, pode não contribuir significativamente para as reservas de carbono (Donato *et al.* 2011; McKee *et al.* 2007; Cahoon *et al.* 2003). No entanto, continua a ser importante calcular o teor de carbono até à profundidade máxima possível, a fim de compreender plenamente a extensão e o papel das florestas de mangue como sumidouros de carbono.

Donato *et al.* (2011) quantificaram as reservas de carbono nos mangais estuarinos e oceânicos até uma profundidade de 2 m. De acordo com Twilley *et al.* (1992), verificou-se que o carbono dos sedimentos diminuía com a profundidade, tanto nas parcelas oceânicas como nas estuarinas (Donato *et al.* 2011). Cuc *et al.* (2009) analisaram os níveis de carbono e azoto no subsolo de uma floresta de mangue do norte do Vietname até 1 m de profundidade. Tanto os níveis de azoto como os de carbono diminuíram com a profundidade dos sedimentos.

GiK3 - Variação da profundidade dos sedimentos associados aos mangais.

GiK4 - Concentração de carbono no sedimento de mangue e densidade de carbono ao longo do perfil de profundidade.

### 1.6.2. Influência das espécies de mangue no armazenamento de carbono

Enquanto alguns estudos trataram os sedimentos de mangue dentro das florestas como sistemas homogéneos, outros encontraram diferenças significativas no BGC entre diferentes espécies de mangue (Sakho *et al.* 2014; Liu *et al.* 2013; Wang *et al.* 2013; Huxham *et al.* 2010; Bouillon *et al.* 2003; Alongi *et al.* 2000).

Alongi *et al.* (2000) quantificaram o carbono total em raízes vivas e mortas através de perfurações a uma profundidade de 40 cm num mangal da Austrália Ocidental. O COT (carbono orgânico total) diminuiu com a profundidade dos sedimentos nos mangais de *Avicennia*, mas os níveis de COT foram consistentes quando amostrados à mesma profundidade nos mangais de *Rhizophora*, sugerindo que as reservas de carbono podem variar consoante as espécies de mangais. Diferenças entre espécies na densidade de carbono também foram evidentes em outras pesquisas (Sakho *et al.* 2014; Lui *et al.* 2013; Wang *et al.* 2013; Huxham *et al.* 2010; Bouillon *et al.* 2003; Alongi *et al.* 2000). Este facto sugere que poderá ser necessário um modelo preditivo específico para cada espécie.

Os níveis mais elevados de carbono encontrados nos sedimentos de *Rhizophora* podem dever-se ao facto de as suas folhas terem baixos níveis de azoto e serem constituídas por mais lignocelulose do que outras espécies, o que resulta em taxas de decomposição mais lentas (Kristensen *et al.* 2008; Twilley *et al.* 1992). No entanto, Lacerda *et al.* (1995) verificaram que o CO (carbono orgânico) e o azoto eram mais elevados nos sedimentos de *Avicennia* do que nos de *Rhizophora*. Este facto sugere, mais uma vez, que poderá ser necessário um modelo de previsão específico para cada espécie. Verificou-se que as florestas mistas de mangais com *Rhizophora* têm um tempo de residência da folhada mais longo (0,5 anos) em comparação com uma floresta monoespecífica de *Avicennia germinans* com um tempo de residência de 0,2 anos (Twilley *et al.* 1992). Twilley *et al.* (1992) verificaram que as florestas mistas de mangais (*Avicennia germinans, Rhizophora mangle* e *Laguncularia racemosa*) apresentavam taxas de queda de folhada mais elevadas do que os locais monoespecíficos (*Avicennia germinans)*, com taxas médias de 8,10 Mg ha$^{-1}$ yr$^{1}$ e 4,44 Mg ha$^{-1}$ yr$^{1}$ , respetivamente. Verificou-se também que a mineralização total do carbono está correlacionada com a temperatura, mas não se registaram diferenças entre as espécies (Alongi *et al.* 2000).

Huxham *et al.* (2010) também encontraram diferenças entre as espécies de mangue, com as raízes de *Avicennia* a decomporem-se mais rapidamente do que as de outras espécies. Após um ano, as raízes de *Avicennia marina*, *Bruguiera gymnorrhiza* e *Ceriops tagal* perderam 76, 47 e 44% de peso seco, respetivamente. Em geral, as espécies com níveis mais elevados de azoto têm taxas de decomposição mais rápidas (Kristensen *et al.* 2008; Twilley *et al.* 1992).

GiK9 - O efeito das espécies de mangue no carbono dos sedimentos.

### 1.6.3. Idade do povoamento e biomassa acima do solo

Cuc *et al.* (2009) estimaram os níveis de carbono e azoto do solo numa floresta de mangue do norte do Vietname até 1 m de profundidade. A acumulação de carbono em plantações *de K. candel* com 3-10 anos de idade variou entre 52 e 93 t C ha$^{-1}$ e foi significativamente afetada pela idade do povoamento. A acumulação de carbono no sedimento aumentou exponencialmente com a idade do povoamento (Cuc *et al.* 2009). As plantações mais jovens tiveram, portanto, taxas de decomposição mais rápidas, o que enfatiza o valor das florestas de mangue mais antigas como reservas de carbono. Cuc *et al.* (2009) sugere que as plantações de mangue mais antigas podem ter taxas de decomposição mais lentas como resultado do sedimento anóxico. Assim, os manguezais aceleram a anaerobiose e acumulam carbono no sedimento. Isso está de acordo com Kristensen *et al.* (2008), que demonstraram que a idade do povoamento está positivamente correlacionada com a produção primária e a eficiência do enterramento de carbono. Verificou-se que os povoamentos de mangais com 5 e 85 anos de idade enterram 16 e 27% da produção de mangais, respetivamente. Para que as boas práticas florestais garantam a conservação das reservas de carbono, é vital que se investigue a idade de corte mais eficiente.

A biomassa acima do solo tem potencialmente uma grande influência nas reservas de carbono, uma vez que, com o aumento da biomassa e da produção primária líquida, há uma maior entrada de raízes mortas ao longo do tempo, bem como uma maior taxa de queda de folhada (Ren *et al.* 2010). No entanto, até à data, a investigação apenas encontrou uma fraca correlação positiva com o carbono subterrâneo (Tue *et al.* 2014; Wang *et al.* 2013; Donato *et al.* 2011; Twilley *et al.* 1992).

GiK10 - A idade de corte mais eficiente para minimizar a perda de loja BGC.

GiK11 - A relação entre a biomassa acima do solo e as reservas de carbono abaixo do solo.

### 1.6.4. Distância da floresta de mangue em relação à costa e à inundação pelas marés

Além das espécies de mangue, Huxham *et al.* (2010) também descobriram que a localização do local afetava a taxa de decomposição, com áreas mais secas e de maré alta apresentando taxas de decomposição mais lentas. Twilley *et al.* (1992) demonstraram que, em florestas monoespecíficas de *Avicennia germinans*, o tempo de permanência da folhada à superfície era mais elevado num local a >200 m da baía do que num local a <100 m, o que sugere que as reservas de carbono nos sedimentos podem aumentar com a distância da costa. Uma investigação mais recente de Donato *et al.* (2011) apoiou este facto, revelando que, nas florestas de mangue oceânicas, as reservas de carbono dos sedimentos aumentavam com a distância da orla marítima. No entanto, Kristensen *et al.* (2008) afirma que a zona intertidal baixa tem maior enterramento de carbono devido à maior acumulação de sedimentos.

Fujimoto *et al.* (1999) descobriram que os sítios de mangais de recifes de coral tinham maiores reservas de carbono do que os sítios estuarinos. O carbono dos sedimentos até 2 m num mangal de recife de coral e num mangal estuarino foi calculado em 1.300 t C ha$^{-1}$ e 1.171 t C ha$^{-1}$ respetivamente (Fujimoto *et al.* 1999). As medições da concentração de carbono nos sedimentos da floresta de mangue de recife de coral (manguezais que têm leitos de recife de coral/sob o sedimento) foram efectuadas apenas a 1,1 m e extrapoladas para produzir a estimativa de 2 m, porque se acreditava que 2 m era a profundidade média das florestas de mangue de recife de coral (Fujimoto *et al.* 1999). Este pode não ser o caso em todos os sítios de recifes de coral e as concentrações de carbono podem variar a essas profundidades, sublinhando a necessidade de mais investigação.

A investigação sobre o efeito de diferentes regimes de marés na dinâmica de armazenamento de carbono no subsolo dos mangais é limitada. Os regimes de maré são divididos por sua amplitude de maré de primavera em três categorias: microtidal (<2m), mesotidal (2-4m) e macrotidal (>4m) (Allen 2000). Balke e Friess (2015) relataram que a amplitude da maré e a Matéria Suspensa Total (MST) são preditores significativos da MOS. Os manguezais em áreas com baixa amplitude de maré (micromarés) e baixa TSM apresentaram maior MOS. A redução do fluxo de maré em locais de micromarés pode limitar a exportação de matéria orgânica do manguezal. Onde há alta amplitude de maré (macrotidal) e alta TSM há uma predominância de fornecimento de sedimentos minerais (Balke e Friess 2015).

GiK12 - O efeito da inundação das marés e da distância da costa no carbono dos sedimentos dos mangais e se esse efeito é apenas evidente nas camadas superficiais ou em todo o perfil dos sedimentos.

### 1.6.5. Efeito das alterações sazonais e do local do mangal nas reservas de carbono

As mudanças sazonais também afectam a quantidade de SOC, com a estação seca a apresentar níveis mais elevados de SOC (Cerón-Bretón *et al.* 2011). Romigh *et al.* (2006) também descobriram que o DOC médio é mais elevado durante a estação seca. Huxham *et al.* (2010) corroboram este facto, uma vez que verificaram que as zonas mais secas e de maré alta apresentavam taxas de decomposição mais lentas. Brown & Lugo (1982), no entanto, verificaram que o SOC diminuía exponencialmente com o aumento do rácio temperatura/precipitação (ou seja, de florestas húmidas para florestas secas). Verificou-se também que a queda de folhada é significativamente maior nas florestas tropicais húmidas (Brown & Lugo 1982). Embora Huxham *et al.* (2010) tenham constatado que as áreas mais secas e com marés mais altas apresentavam taxas de decomposição mais lentas e, portanto, maior armazenamento de SOC, isso ainda estava dentro de um mangue tropical. Verificou-se que os mangais em latitudes com um clima mais frio e seco armazenam menos carbono do que os mangais de latitudes tropicais com um clima mais quente e húmido devido à diminuição da produtividade (Livesley & Andrusiak 2012). Twilley *et al.* (1992) também mostraram que florestas de mangue de latitudes mais altas têm menor enterramento de carbono. É possível que múltiplas variáveis estejam em jogo e que não seja possível generalizar as florestas de mangue de forma demasiado grosseira. Por exemplo, as alterações sazonais podem afetar o carbono dos sedimentos, mas podem ser muito específicas do local, ou seja, da sua localização latitudinal. Jardine & Siikamaki (2014) registaram uma variação considerável entre países no BGC; até 2,6 vezes a diferença entre países. Na Indonésia, verificou-se que os mangais ricos em carbono têm 1,5 vezes mais carbono por hectare do que os mangais pobres em carbono, o que sugere que pode haver uma variação no BGC dentro do país.

GiK13 - Variabilidade dentro do país nos depósitos de BGC (ou seja, um efeito local nos depósitos de BGC que complicaria a produção de um modelo preditivo).

GiK14 - O efeito das alterações sazonais no BGC.

## 1.6.6. Efeito dos nutrientes nas reservas de carbono

O azoto é um determinante importante das taxas de decomposição (Huxham *et al.* 2010). A *Bruguiera gymnorrhiza* enriquecida com azoto tem taxas de decomposição de raízes significativamente mais rápidas do que as parcelas de controlo não enriquecidas (Huxham *et al.* 2010). No entanto, Silver & Miya (2001) encontraram apenas uma correlação positiva fraca entre o azoto e a taxa de decomposição das raízes. A diferença inicial entre as espécies reflectiu as relações C:N iniciais. De acordo com Cuc *et al.* (2009), os sedimentos com rácios baixos de C:N (*Avicennia marina*) tiveram taxas de decomposição mais rápidas. Bouillon *et al.* (2003) também mostraram que os baixos níveis de carbono coincidiam com baixos rácios C:N nas florestas de mangue da Índia e do Sri Lanka. Batjes (1996) também afirma que os rácios C:N são um bom indicador do grau de decomposição e da qualidade da matéria orgânica contida no solo.

GiK15 - Existe ainda incerteza, como demonstrado acima, quanto à forma como a bioquímica (especialmente o azoto) nos sedimentos afecta o armazenamento de carbono.

## 1.6.7. A exportação e a origem do carbono

A folhada dos mangais e as microalgas bentónicas são geralmente as fontes autóctones mais importantes de carbono para as reservas de carbono dos sedimentos dos mangais (Kristensen *et al.* 2008). Um estudo realizado por Lacerda *et al.* (1995) constatou que a matéria orgânica nos sedimentos *de Rhizophora* e *Avicennia* era principalmente de origem de mangue. Os mangais são também uma fonte significativa de DOC para os ecossistemas circundantes. Romigh *et al.* (2006) verificaram que a exportação anual líquida de COD do mangal marginal para a ribeira de maré e o mangal da bacia vizinhos era de 56 g C irT² yr⁻¹. Bouillon *et al.* (2008) estimaram que aproximadamente 21 Tg C y⁻¹ e 24 Tg C y⁻¹ são exportados como POC e DOC, respetivamente. Nalgumas situações, a maior parte do carbono orgânico e do azoto nos sedimentos dos mangais provém de matéria suspensa marinha estuarina (Bouillon *et al.* 2003). A falta de um novo suprimento de carbono pode impedir a decomposição de reservas de carbono orgânico enterradas em camadas profundas do solo (Fontaine *et al.* 2007). Twilley *et al.* (1992) demonstraram que o nível de acumulação de MO não está correlacionado com a quantidade de produção de folhada. Isto mostra que as reservas de carbono dos sedimentos são afectadas por outras variáveis. Foi encontrada uma correlação positiva entre a troca de MO com as águas adjacentes e a amplitude da maré (Twilley *et al.* 1992).

GiK16 - A origem do carbono encontrado em sedimentos de mangue.

## 1.6.8. Áreas de estudo

O Quénia foi selecionado como um local de estudo adequado com base na logística e na oportunidade científica. A maioria dos estudos que quantificam o carbono abaixo do solo não se centrou em África, sendo a maioria orientada para a Indonésia e países vizinhos (Jardine e Siikamaki 2014). É necessário ter uma compreensão global da importância dos mangais e como o carbono abaixo do solo pode variar em todo o mundo. Havia uma falta de dados disponíveis sobre as reservas de carbono subterrâneo no Quénia, não só a nível do país, mas também para locais individuais. Como o Quénia dispunha de dados sobre a biomassa acima do solo e a distribuição das espécies de mangais em todo o país, foi uma boa oportunidade em termos de logística, uma vez que o tempo e os recursos poderiam ser mais bem aplicados na investigação abaixo do solo. Gazi, Quénia e Zanzibar foram os locais da investigação sobre a degradação, uma vez que Gazi já dispunha de parcelas experimentais estabelecidas (parcelas degradadas e de controlo) e os dados de Zanzibar foram recolhidos e fornecidos pela Universidade de Bangor, País de Gales.

## 1.7. Objectivos da investigação

É evidente que os mangais são um importante sumidouro natural de carbono, mas, para implementar estratégias eficazes de gestão florestal, é necessário compreender plenamente o papel que desempenham no ciclo do carbono. Conforme discutido anteriormente nas secções 1.3 e 1.6, é essencial colmatar as lacunas de conhecimento para se obter uma compreensão completa das reservas de carbono dos sedimentos dos mangais. Não foi possível para o trabalho atual abordar todas estas lacunas de conhecimento, pelo que os objectivos desta tese foram

1.   Compreender os efeitos da profundidade, das espécies e das variáveis ambientais nas reservas de carbono dos sedimentos de mangais nos mangais do Quénia.

$H_0$: A profundidade do sedimento não terá efeito na densidade de carbono do sedimento do mangue.

$H_0$  : As espécies florestais dos mangais não terão qualquer efeito nas reservas de carbono dos sedimentos.

$H_0$ : A distância da costa não terá qualquer efeito sobre as reservas de carbono dos sedimentos dos mangais.

$H_0$: A inundação das marés não terá qualquer efeito nas reservas de carbono dos sedimentos dos mangais.

Ho:   <u>A degradação </u>das árvores dos mangais não terá qualquer efeito nas reservas de carbono dos sedimentos dos mangais.

2.    Produzir um modelo que possa prever as reservas de carbono dos sedimentos dos mangais em todo o Quénia, utilizando índices acima do solo.

3.    Produzir um mapa para mostrar a distribuição prevista das reservas de carbono abaixo do solo, bem como outras variáveis, como espécies de mangue e profundidade do sedimento.

4.    Explorar os efeitos do corte/degradação da floresta no carbono abaixo do solo nos mangais de Zanzibar e avaliar a utilização de índices simples de degradação como proxies para a perda de BGC.

Ver Quadro 2 para a lista de GiK abrangidos por estes objectivos que serão abordados.

Tabela 2: Lista de GiK's abordados e capítulos correspondentes.

| GiK | Tópico | Capítulo |
|---|---|---|
| GiK2 | Destino do carbono | 2, 3&5 |
| GiK3 | Extensão das profundidades dos sedimentos | 2&3 |
| GiK4 | Efeito da profundidade na densidade do carbono até 3m | 2&3 |
| GiK5 | Extensão das lojas BGC | 2&3 |
| GiK7 | Estimativas de lojas BGC à escala nacional e mundial | 4 |
| GiK8 | Efeito da degradação florestal na BGC | 5 |
| GiK9 | Efeito das espécies na BGC | 2, 3&5 |
| GiK11 | Relação entre AGB e BGC | 2, 3 & 5 |
| GiK12 | Relação entre o ambiente costeiro e a BGC | 2&3 |
| GiK13 | Variabilidade nacional em BGC | 3 |

### 1.7.1. Resumo do processo de investigação

Esta investigação realizou um estudo aprofundado para quantificar as reservas de carbono dos sedimentos dos mangais na Baía de Gazi e Vanga, no Quénia (África Oriental) e investigar os factores que influenciam a quantidade de carbono armazenado.

A profundidade dos sedimentos dos mangais pode variar consoante a composição das espécies de mangais (tipos de mangais) e a distância da costa, pelo que foi necessário medir a profundidade dos sedimentos numa variedade de mangais. Combinado com o cálculo das concentrações de carbono em intervalos ao longo do perfil de profundidade, permitiu a produção de um perfil de sedimentos de carbono para cada espécie de manguezal para melhor compreender a natureza da BGC.

Os modelos de regressão linear forneceram uma visão da natureza das relações entre os dados acima do solo, a inundação das marés, o tipo de floresta de mangal e o teor de carbono dos sedimentos. A amostragem num segundo local aperfeiçoou o modelo, obtendo uma representação mais precisa dos locais de mangais no Quénia e testando a variabilidade do local. Como não foram evidentes diferenças entre locais, o modelo preditivo foi utilizado para calcular as reservas de carbono abaixo do solo em todo o Quénia (utilizando mapas de composição e distribuição de espécies de mangue disponíveis - Kirui *et al.* 2013; Rideout *et al.* 2013).

O efeito da degradação nas reservas de carbono dos sedimentos foi investigado experimentalmente com base em dados da Baía de Gazi, no Quénia, e numa abordagem do tipo inquérito com base em dados de Zanzibar. Os incentivos financeiros ligados à prestação de serviços ecossistémicos (por exemplo, através do REDD+) oferecem oportunidades para melhorar a gestão e a conservação dos mangais. No entanto, têm tido atualmente uma utilização limitada nos sistemas de mangais, em parte devido à falta de informações precisas sobre as existências totais de carbono nestas florestas e sobre a forma como estas existências podem ser geridas juntamente com outros serviços ecossistémicos, incluindo os serviços extractivos (Donato *et al.*, 2012; Gibbon et al., 2010).

# CAPÍTULO 2: QUANTIFICAÇÃO DAS RESERVAS SUBTERRÂNEAS DE CARBONO E EXPLORAÇÃO DOS MÉTODOS UTILIZADOS

**Resumo**


Cobrindo aproximadamente 138.000 $km^2$ , os manguezais são uma das maiores reservas de carbono do mundo (Giri *et al.* 2010), armazenando 3 a 4 vezes mais do que as florestas terrestres (Donato *et al.* 2011). A maioria dos estudos tem-se centrado na quantificação dos 1-2m superiores de reservas de carbono subterrâneas (BGC), no entanto, o efeito da profundidade para além desta profundidade, espécies e contexto ambiental sobre as reservas de carbono é muito menos bem compreendido (Alongi 2014; Wang *et al.* 2013; Donato *et al.* 2011; Fujimoto *et al.* 1999). Este estudo investigou a dinâmica do carbono numa floresta de mangue do Quénia (Baía de Gazi) a uma profundidade de 3 m e a influência de uma série de variáveis ambientais, incluindo espécies, distância da costa, altura acima do ponto de referência da carta e biomassa acima do solo. A densidade de carbono foi significativamente diferente entre os grupos de espécies (*Rhizophora mucronata* com os valores mais elevados), mas não foi encontrado qualquer efeito da profundidade. *Rhizophora mucronata* e *Avicennia marina* Mix (parcelas dominadas por *Avicennia marina* mas com outras espécies presentes) tiveram a maior e a menor média de BGC para a profundidade média do sedimento; 1.525 t C ha$^{-1}$ e 770 t C ha$^{-1}$ respetivamente. Foi evidente uma forte relação positiva entre a distância da costa e a BGC (a 1 m e a profundidade média dos sedimentos); R ajustado$^2$ =49% e 44%, respetivamente. No entanto, isto foi confundido com as espécies. A biomassa acima do solo teve uma relação positiva fraca com a BGC a 1m e a profundidade média; R ajustado$^2$ =13% e 10%, respetivamente. Os resultados actuais reforçam a conclusão geral de que os mangais têm grandes reservas de carbono e sugerem que estas reservas são geralmente subestimadas devido à profundidade dos sedimentos. Os resultados também sugerem que pode ser possível prever rápida e facilmente as reservas de BGC usando espécies ou a distância da costa, o que será muito valioso para projectos de gestão de carbono.


## 2.1. Introdução

Os ecossistemas costeiros, incluindo as ervas marinhas, os pântanos salgados e os mangais, são um importante sumidouro de carbono devido às suas elevadas taxas de produção primária e à sua capacidade de enterrar o carbono em reservas refractárias a longo prazo (Nellemann *et al.* 2009). Até 70% do armazenamento sedimentar global total de carbono nos oceanos encontra-se nos ecossistemas costeiros, apesar de cobrirem apenas 0,5% do fundo do mar (Nellemann *et al.* 2009). Os ecossistemas costeiros não só enterram o carbono derivado da sua própria produção, como também promovem a sedimentação, alterando a turbulência e a ação das ondas, aprisionando assim material alóctone. Para uma orçamentação global exacta do carbono, é importante que estes ecossistemas sejam tidos em conta e plenamente compreendidos.

A investigação sobre os mangais tem-se centrado cada vez mais na dinâmica do carbono dos sedimentos devido à importância ecológica e climática das suas reservas de carbono subterrâneas e aos factores que as influenciam. Embora os manguezais representem menos de 0,04% da área de todos os habitats marinhos, eles são responsáveis por 10-15% do total de carbono orgânico marinho enterrado (Breithaupt *et al.* 2012; Duarte *et al.* 2005). As primeiras investigações mostraram que os mangais armazenam tipicamente 3 a 4 vezes o carbono sedimentar das florestas terrestres (~800 Mg ha$^{-1}$ e ~250Mg ha$^{-1}$ respetivamente; IPCC 2001), no entanto, investigações recentes sugerem que algumas florestas de mangais podem armazenar o dobro ou mais desta quantidade típica (Donato *et al.* 2011; Kauffman *et al.* 2011; Cuc *et al.* 2009; Fujimoto *et al.* 1999). A estimativa atual para a taxa média global de enterramento de carbono para florestas de mangue é de 174 g C m$^{-2}$ yr$^{-1}$ (Alongi 2014).

A biomassa acima do solo representa normalmente uma pequena proporção do carbono total nos ecossistemas de mangais; a maior parte consiste em carbono orgânico armazenado no sedimento (IPCC 2013). Os mangais crescem tipicamente em sedimentos profundos, submersos na maré, que suportam vias de decomposição anaeróbica. Estas condições facilitam taxas de decomposição lentas e concentrações moderadas a elevadas de carbono nos sedimentos. As taxas de renovação da folhada variam consoante a hidrologia e a bioquímica do solo, com taxas que vão de 5,2 a 12,8 Mg ha$^{-1}$ yr$^{-1}$ (Coronado-Molina *et al.* 2012). A biomassa de raiz morta em sedimentos de mangue varia de 10,3 t ha$^{-1}$ a 75,7 t ha$^{-1}$ dependendo da espécie, idade do povoamento e tipo (se natural ou plantação). Nos povoamentos *de Rhizophora*, a biomassa de raízes mortas pode ser maior do que a biomassa de raízes vivas, o que demonstra taxas de decomposição lentas e um elevado tempo de residência da matéria orgânica (Tamooh *et al.* 2008). Com taxas de decomposição tão lentas, estas florestas podem, portanto, conter sedimentos orgânicos até vários metros de profundidade (através da acumulação de sedimentos); foram registadas profundidades de sedimentos até 10 m nos mangais das Caraíbas (McKee *et al.* 2007). Uma vez que a maioria dos estudos até à data considera as profundidades dos sedimentos apenas até 1 m, as estimativas para as reservas médias de carbono abaixo do solo (BGC) entre 479 t C ha$^{-1}$ e 1171 t C ha$^{-1}$ podem ser subestimativas significativas (Donato *et al.* 2012; Kauffman *et al.* 2011; Cuc *et al.* 2009; Fujimoto *et al.* 1999).

Enquanto alguns estudos trataram os sedimentos de mangue dentro das florestas como sistemas homogéneos, outros encontraram diferenças significativas no BGC entre diferentes espécies e zonas de inundação (Donato *et al.* 2011; Kauffman *et al.* 2011; Fujimoto *et al.* 1999; Lacerda *et al.* 1995; McKee 1993). Alongi *et al.* (2000) quantificaram o carbono total em raízes vivas e mortas através de perfurações a uma profundidade de 40 cm numa floresta de mangue da Austrália Ocidental. O COT (carbono orgânico total) diminuiu com a profundidade do sedimento nos mangais *Avicennia*, no entanto, os níveis de COT permaneceram os mesmos nos 40 centímetros amostrados nos mangais *Rhizophora*, sugerindo que as reservas de carbono podem variar entre as espécies de mangais. Como discutido na secção 1.6.2. Twilley *et al.* (1986) encontraram diferenças entre espécies nas taxas de queda de serapilheira e no tempo de permanência da serapilheira.

O contexto ambiental, bem como a identidade das espécies, afecta as taxas de decomposição; por exemplo, Huxham *et al.* (2010) verificaram uma decomposição mais lenta das raízes dos mangais em zonas mais secas e com marés altas. Twilley *et al.* (1986) demonstraram que, em florestas monoespecíficas de *Avicennia germinans* na bacia, o tempo de permanência da folhagem na superfície era mais elevado num local a >200 m da costa do que num local a <100 m, o que sugeriria que as reservas de carbono nos sedimentos podem aumentar com a distância da costa. Donato *et al.* (2011) e Fujimoto *et al.* (1999) descobriram que os sítios estuarinos têm reservas médias de carbono significativamente mais elevadas; cerca de 250 t C ha$^{-1}$ mais do que os sítios do tipo recife de coral (1.074 t C ha$^{-1}$ e 1.170 t C ha$^{-1}$ em comparação com os sítios do tipo recife de coral com 990 t C ha$^{-1}$ e 750 t C ha$^{-1}$ , respetivamente). Kauffman *et al.* (2011) descobriram que os sedimentos de mangais mais próximos da orla marítima também tinham reservas de carbono mais baixas; 479 t C ha$^{-1}$ e 1.385 t C ha$^{-1}$ para locais de orla marítima e terrestre, respetivamente.

É, portanto, evidente que as florestas de mangue não são sistemas homogéneos e que uma série de variáveis pode influenciar as dimensões dos fluxos e reservas de carbono em diferentes florestas e em diferentes locais dentro da mesma floresta. Atualmente, os efeitos destas variáveis no BGC são mal compreendidos e justifica-se uma investigação mais aprofundada com o objetivo de obter uma melhor compreensão da ecologia dos mangais.

No entanto, existem também razões práticas prementes para obter esta compreensão, devido à necessidade de mitigar e adaptar-se às alterações climáticas; as reservas naturais de carbono devem ser quantificadas para planear e implementar com precisão as estratégias de combate às alterações climáticas e para garantir que os poderosos sumidouros naturais de carbono sejam reconhecidos e protegidos.

Com base no trabalho de campo realizado na Baía de Gazi, uma floresta de mangue do Quénia, o trabalho descrito neste capítulo teve os seguintes objectivos

1)    Desenvolver métodos para quantificar o carbono subterrâneo dos mangais.

2)    Medir a profundidade média dos sedimentos nas parcelas de mangais.

3)    Avaliar as relações entre uma série de variáveis - incluindo a identidade das espécies, a profundidade e a distância da costa - e a quantidade de BGC presente.

Foram abordadas as seguintes lacunas de conhecimento (GiK's) levantadas no Capítulo 1:

•  GiK3 - Variação da profundidade dos sedimentos associados aos mangais.

•  GiK4 - Níveis de densidade de carbono nos sedimentos dos mangais e a variação ao longo do perfil de profundidade.

•  GiK5 - Reservas de carbono subterrâneas dos ecossistemas de mangais.

•  Gik9 - Efeito da composição de espécies de mangue nas reservas de carbono abaixo do solo e na densidade de carbono

•  Gik11 - A relação entre a biomassa acima do solo e as reservas de carbono abaixo do solo.

•  GiK12 - A quantidade de inundação pelas marés ou a distância da costa afectam o carbono dos sedimentos dos mangais.

## 2.2. Métodos

### 2.2.1. Localização do estudo

A costa do Quénia tem duas estações de chuva por ano. Estas são trazidas pelos ventos de monção do sudeste e do nordeste. O clima é quente, com uma temperatura média anual de 28° C, com muito poucas variações sazonais (Kitheka 1996). A Baía de Gazi está situada ao longo da costa sul do Quénia, 50 km a sul de Mombaça, no distrito de Kwale, entre as latitudes 4° 25'S e 4° 27'S, e as longitudes 39° 30'E e 39° 50'E. Devido à proximidade do mar, a humidade é muito elevada, cerca de 95% durante o dia. A precipitação ocorre de março a maio e, em menor escala, em outubro e novembro. A precipitação total anual oscila entre 1000 e 1600 mm, apresentando um padrão de distribuição bimodal. A península de Chale, a leste, e um recife de coral, a sul, protegem a baía das ondas fortes. Existem dois rios que correm para a baía: Kidogoweni e Mkurumdji (riacho de maré). Estes rios são ambos sazonais, dependendo da quantidade de precipitação no interior, pelo que os mangais da Baía de Gazi recebem menos água doce do que as florestas situadas em grandes rios permanentes. O influxo anual de água doce (rios e precipitação direta) totaliza 305.000m$^3$ , dos quais 20% se perdem por evaporação. A Baía de Gazi tem um regime de marés semidiurno (Hemminga *et al.* 1994). As amplitudes das marés de sizígia e primavera variam entre 1,4 e 4 m, respetivamente, gerando fluxos salinos significativos através da floresta de mangais (Kitheka 1996). No lado do mar, diretamente adjacente aos mangais, existem planícies intertidais intersectadas por canais e áreas subtidais pouco profundas cobertas por várias espécies de ervas marinhas e, em menor grau, por macroalgas (Hemminga *et al.* 1994).

A Baía de Gazi tem uma floresta de mangais que cobre uma área de 5,92 km$^2$ (Huxham *et al.* 2015). Nove das dez espécies de mangue da África Oriental encontram-se na Baía de Gazi; *Avicennia marina, Bruguiera gymnorrhiza, Ceriops tagal, Heritiera littoralis, Lumnitzera racemosa, Rhizophora mucronata, Sonneratia alba, Xylocarpus granatum, Xylocarpus molucensis* (*Pemphis acidula* não está presente). Embora exista atualmente uma proibição governamental da colheita de mangais, a Baía de Gazi foi fortemente explorada na década de 1970 para lenha a utilizar nas indústrias de cálcio/giz e tijolo, deixando áreas ao longo da linha costeira nuas (Bosire *et al.* 2005). Os aldeões locais cortam mangais para lenha e para construir as suas casas. Foram realizados projectos de reflorestação em 1991 e 1994. A Baía de Gazi tem sido o local de muitos estudos, incluindo a produtividade dos mangais, a dinâmica do lixo e projectos de reflorestação (Kairo *et al.* 2008; Bosire *et al.* 2005).

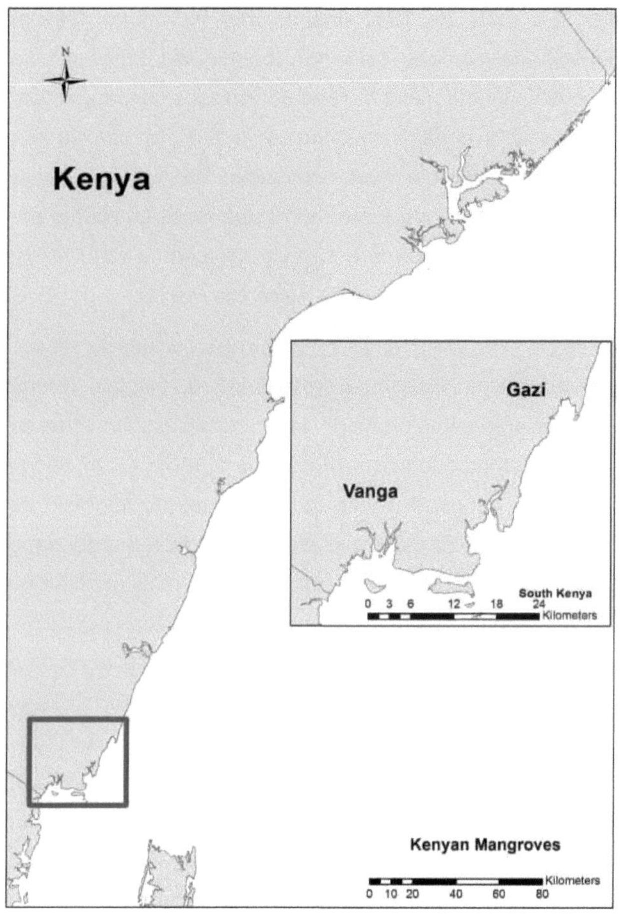


Figura 4: Mapa dos locais de amostragem de mangais no Quénia; Gazi (5,92 km$^2$ ) e Vanga (23,51 km$^2$ ).

## 2.2.2. Conceção experimental e trabalho de campo

Como a Baía de Gazi tem sido objeto de muitos estudos sobre mangais, já tinham sido estabelecidas parcelas de inventário florestal de 10m x 10m (70 parcelas) com dados acima do solo, incluindo biomassa, composição de espécies e coordenadas GPS para permitir a relocalização. Um total de 48 destas parcelas foram amostradas utilizando uma técnica de amostragem aleatória estratificada. A amostragem foi direcionada para abranger parcelas com diferentes composições de espécies e distâncias da costa (utilizando um mapa e dados das parcelas já estabelecidas) para garantir um número adequado de replicações para avaliar as relações entre estas variáveis e o carbono subterrâneo.

As zonas de mangais foram estabelecidas com base na distribuição percentual das espécies de mangais presentes. Se mais de 80% das árvores individuais fossem constituídas por uma única espécie na parcela, esta era considerada uma parcela monoespecífica. Se, no entanto, houvesse uma maior mistura de espécies de mangal com uma única espécie que não tivesse uma dominância superior a 80%, a parcela era classificada como uma parcela mista da espécie mais dominante. Por exemplo, se a *Avcennia marina* constituísse 40% das árvores e o resto da parcela fosse composto por 30% de *Ceriops tagal*, 20% de *Rhizophora mucronata* e 10% de *Xylocarpus molucensis*, então a parcela era classificada como uma parcela mista de *Avicennia marina*.

Utilizando um corer de turfa russo de 3m (Van Walt), foram retirados dois núcleos da secção central de 2m$^2$ de cada parcela, evitando áreas de compactação devido ao pisoteio. Desde que o sedimento do mangue fosse suficientemente profundo, foram recolhidas amostras de sedimento nos seguintes intervalos de profundidade: 5cm, 10cm, 20cm, 30cm, 40cm, 50cm, 1m, 1.5m, 2m, 2.5m e 3m. Se a sonda atingisse o leito rochoso antes do intervalo de profundidade desejado, a amostra era recolhida no ponto mais profundo e arredondada para o intervalo de profundidade mais próximo (se a profundidade fosse mais próxima do intervalo anterior, era descartada). A sondagem também foi por vezes dificultada por raízes duras e espessas ou por demasiadas pedras, pelo que nem sempre foi possível obter uma amostra à profundidade máxima. A distinção entre bater numa raiz e bater no leito rochoso ou numa pedra foi facilmente feita devido ao ruído ouvido. Não foi possível fazer a distinção entre bater numa pedra e bater no leito rochoso; a medição da profundidade foi efectuada novamente a uma distância ligeiramente superior, para o caso de a resistência, nesta circunstância, ser apenas uma pedra e não o leito rochoso. É de notar que, na maioria das medições de profundidade, não foi atingido o leito rochoso e que a maior parte da resistência foi causada pela fricção do sedimento ou por raízes. A fim de evitar a compactação, o sedimento entre os intervalos de profundidade foi removido do furo de sondagem. O sedimento dentro do corer do intervalo de profundidade desejado foi subamostrado usando um cilindro oco de aço inoxidável de 35cm$^3$ (ver Figura 5, 6 & 7 para exemplo de uma amostra de núcleo e florestas de mangue amostradas). Uma extremidade do cilindro foi afiada para ajudar a cortar o sedimento; foram evitadas raízes vivas e pedras. Foi utilizada uma régua para remover qualquer excesso de sedimentos em qualquer extremidade do subamostrador. As amostras foram então colocadas em sacos de plástico etiquetados e seladas.

Figura 5: Trado com amostra de sedimentos; a subamostra é retirada do fundo do trado.

Figura 6: Floresta de *Rhizophora mucronata* demonstrando as raízes altas das estacas.

Figura 7: Floresta de mangais na maré alta.

Figura 8: Estufa utilizada para secar as amostras de sedimentos em Gazi, Quénia.

Em cada parcela, foram efectuadas 5 medições da profundidade dos sedimentos com uma vara de aço de 3 m. Três medições de profundidade foram efectuadas em pontos aleatórios dentro da parcela e as outras duas foram feitas nos furos de sondagem. Isto foi feito porque era muito mais fácil chegar ao leito rochoso (ou à profundidade máxima da vara) devido ao facto de a maior parte do sedimento já ter sido removido da sondagem. A medição da profundidade máxima possível para a haste foi de 2,97 m; a profundidade foi registada como 2,97 m+ se a haste não atingisse o leito rochoso. A equipa de campo recolheu medições adicionais da profundidade da haste em parcelas adicionais para melhorar a cobertura de todos os grupos de espécies.

Foram também medidas a altura acima da carta de referência (HACD) e a distância da parcela à costa. Utilizando o Spatial Join no ArcGIS, a distância da costa foi medida a partir de cada parcela até ao limite marítimo mais próximo. O HACD foi medido aplicando uma pasta de giz em duas árvores dentro da parcela e registando onde a maré chegou (altura do giz lavado) no dia seguinte, e utilizando tabelas de marés padrão para calcular o HACD. Foi efectuada uma média das duas medições de altura.

$$HACD(cm) = H_T(cm) - H_C(cm) \tag{1}$$

Onde $H_T$ e $H_C$ representam a altura da maré (obtida a partir de tabelas locais) e o giz lavado, respetivamente.

### 2.2.3. Preparação de amostras e perda por ignição (LOI)

As amostras foram secas em estufa a $60^0$ C até se obter um peso constante (geralmente entre 24 e 48 horas, dependendo da falta de eletricidade no campo; ver figura 8). Uma vez atingido um peso constante, o peso seco foi registado e a amostra foi embrulhada em película aderente e colocada num saco rotulado para ser transportada para a Universidade Napier de Edimburgo, na Escócia. Utilizando um pilão e um almofariz, as amostras foram moídas de modo a obter uma amostra homogénea. As raízes mortas foram finamente cortadas com uma pinça e uma tesoura e misturadas uniformemente na amostra. As amostras foram depois armazenadas em placas de Petri rotuladas.

A fim de determinar a quantidade de sedimento necessária para a LOI, foi efectuado um teste de comparação de três pesos diferentes: 2g, 5g e 10g. Cada peso tinha duas réplicas e foi calculada uma média. Os pesos investigados foram subamostrados da mesma amostra e tiveram a mesma temperatura e duração no forno; 2hrs a 550°C (Tue *et al.* 2014). Os resultados (Tabela 3) mostraram uma elevada variabilidade entre 2g e 5g, no entanto, houve muito pouca diferença entre as amostras de 5g e 10g. Assim, 5g foi selecionado como o peso mais adequado a ser utilizado para LOI, uma vez que nem todas as amostras tinham muito substrato e utilizar o mínimo possível (5g em vez de 10g) preservaria o máximo possível da amostra.

Tabela 3: Resultados médios de perda por ignição para três pesos de amostra diferentes (2g, 5g e 10g).

| Peso da amostra (g) | Peso pós LOI (g) | g OM/g |
|---|---|---|
| 2 | 0.09 | 0.045 |
| 5 | 0.325 | 0.065 |
| 10 | 0.67 | 0.067 |

Foi utilizada uma balança com uma precisão de quatro casas decimais para pesar 5 g de cada amostra em cadinhos, uma parcela de cada vez. O peso exato do sedimento (peso inicial) em cada cadinho foi registado devido ao facto de ser muito difícil obter exatamente 5g em cada cadinho; qualquer valor entre 5,0000g e 5,009g era aceitável. Os cadinhos foram etiquetados antes de serem colocados no forno. As amostras foram queimadas a 550º C durante 2 horas (com base nos resultados dos testes de LOI após 1 hora, 2 horas e 5 horas, que mostraram que 2 horas eram suficientes) e depois arrefecidas numa placa térmica. Uma vez suficientemente frias para serem tocadas, as amostras foram colocadas num exsicador para evitar a absorção de humidade. O peso pós LOI foi então registado. Os cadinhos foram lavados e secos entre cada utilização.

A granulometria variou nas amostras devido ao facto de algumas amostras serem mais difíceis de triturar do que outras. Este facto não afectou a queima da matéria orgânica, uma vez que, após a queima e a pesagem, as amostras foram esmagadas para verificar se havia uma diferença de cor da superfície para o centro, o que não se verificou. Nas amostras com elevado teor de raízes, verificou-se uma diferença de cor (centro cinzento) após a LOI. É possível que este facto signifique que a matéria orgânica não tenha sido totalmente triturada. Após a pesagem, uma seleção destas amostras foi novamente colocada no forno para avaliar se o material radicular restante era inorgânico ou orgânico. Após mais 1 hora no forno, a cor cinzenta manteve-se e não se registaram mais alterações no peso; o material foi, portanto, considerado inorgânico.

O teor de matéria orgânica por grama foi calculado do seguinte modo

$$OM\,(g\,/\,g) = (LW - IW)\,/\,IW \tag{2}$$

em que LW e IW representam o peso pós LOI e o peso inicial, respetivamente.

### 2.2.4. Quantificação do carbono

Uma seleção de amostras foi analisada quanto ao teor de carbono utilizando um analisador CN (Carlo Erba NA2500) para permitir a derivação de um fator de conversão entre a matéria orgânica (MO), calculada pelo LOI, e a concentração de carbono (CC; g/g). Foram selecionados dois núcleos de cada grupo de espécies que melhor representassem a gama de valores de MO dentro de cada grupo de espécies; valores mais altos e mais baixos. As amostras com elevado teor de raízes requeriam entre 10 e 15 mg. Os sedimentos arenosos (baixo teor de MO) necessitavam de 15 a 20 mg. Algumas amostras tinham um teor de raízes extremamente elevado, pelo que apenas foram necessários 4 a 7 mg de sedimento. As amostras foram pesadas em cápsulas de estanho utilizando uma balança de 4 casas decimais. Para evitar a contaminação das amostras, foram utilizadas pinças para manusear as câmaras. As cápsulas foram depois dobradas em forma de esfera e armazenadas num tabuleiro de amostras com vários poços antes de serem colocadas no analisador CN.

A relação entre o C e os valores de OM correspondentes foi avaliada através de regressão linear. Após a análise inicial, foi utilizada a ANCOVA para determinar se existiam diferenças na relação entre as espécies. O efeito das espécies não foi significativo, pelo que se utilizou uma única equação de regressão para todas as amostras (os pormenores completos da análise de regressão são apresentados na secção 2.3.2.).

A densidade aparente (DB) de cada amostra foi calculada do seguinte modo

$$BD(g/cm^3) = DW(g) \div V(cm^3) \tag{3}$$

em que DW e V representam, respetivamente, o peso seco e o volume do sedimento (35cm$^3$).

Todas as amostras foram convertidas em densidade de carbono (CD) multiplicando o CC pelo BD dessa amostra, uma vez que o que interessava era o armazenamento de carbono e não a química do sedimento. As reservas de carbono subterrâneo não vivo (BGC) (t ha$^{-1}$) foram calculadas a duas profundidades: a) 1m e b) profundidades médias do sedimento para cada grupo de espécies, utilizando as seguintes equações:

$$BGC_{1m}(t/ha) = mCD \times 100 \times 100 \tag{4}$$

$$BGC_{md}(t/ha) = mCD \times mD \times 100 \tag{5}$$

em que BGC1m, BGCmd, mCD e mD representam BGC a 1m, BGC à profundidade média, densidade média de carbono e profundidade média dos sedimentos, respetivamente.

Isto foi feito para a) comparação com outra investigação que apenas calculou as reservas de BGC para 1m e b) para ter estimativas mais precisas das reservas de BGC que têm em conta as diferentes profundidades dos sedimentos que, naturalmente, afectam a quantidade de carbono total armazenado.

## 2.2.5. Análise estatística

Todas as análises foram efectuadas utilizando a versão 3.0.2 do R (R Core Team, 2013) e o Minitab. Sempre que necessário para satisfazer os pressupostos de normalidade dos resíduos, os dados foram transformados em $\log_{10}$.

### 2.2.5.1. Profundidade do sedimento

Observou-se que as medições de profundidade efectuadas no interior do furo de sondagem (pós-furo) eram frequentemente superiores às medições de profundidade aleatórias efectuadas em sedimentos não perturbados. A fim de testar se esta diferença era significativa, foi efectuada uma análise de regressão linear para explorar a relação entre a média das duas profundidades do núcleo e a média das três medições de profundidade aleatórias. O efeito da espécie na profundidade do sedimento do núcleo (com base nos resultados acima) foi então testado usando ANOVA de uma via. As parcelas *Rhizophora* pareciam mostrar diferentes profundidades de sedimentos na pequena minoria de parcelas com coral fóssil visível à superfície, em comparação com as parcelas sem coral. A ANOVA de uma via foi utilizada para testar se estas diferenças eram significativas e se as parcelas com corais deviam ser excluídas do grupo *Rhizophora*. Os resultados revelaram que as parcelas com coral eram significativamente diferentes, pelo que foram excluídas da análise (ver secção 2.3.2.). Devido às diferenças observadas entre as medições de profundidade do núcleo e as medições aleatórias, foram convertidos dados de profundidade adicionais (medições aleatórias) utilizando a equação de regressão obtida a partir da análise (ver secção 2.3.1.).

### 2.2.5.2. Espécies e efeitos de profundidade

O efeito da espécie e da profundidade do sedimento na densidade de carbono foi testado usando ANOVA de modelo misto de duas vias, tratando a parcela e o núcleo como efeitos aleatórios. A análise posthoc foi efectuada com contrastes de Tukey. A ANOVA de uma via foi usada para testar o efeito das espécies nas reservas de BGC até 1m e na profundidade média do sedimento. As parcelas dentro de cada grupo de espécies foram consideradas réplicas.

### 2.2.5.3. Contexto ambiental

Para examinar os efeitos do contexto ambiental sobre a BGC, foi efectuada uma regressão linear para os níveis de BGC em relação à altura acima do ponto de referência cartográfico, à distância da costa e à AGB. De seguida, foi utilizada a análise ANCOVA para determinar se as relações variavam entre as diferentes espécies.

## 2.3. Resultados

### 2.3.1. Profundidade do sedimento

A análise de regressão revelou uma forte relação positiva (R ajustado$^2$ =36,8%, *F=16*,13, df=1,38, *p<0*,001, ver Figura 9) entre as medições do núcleo e da profundidade aleatória (apenas haste) com uma equação de regressão de:

$$cD(m) = 1.36 + (0.526 \times rD) \tag{6}$$

Onde *cD* e *rD* representam a profundidade do núcleo e a medição aleatória da profundidade, respetivamente.

Com base nos resultados da regressão, as profundidades das carotes eram, em média, mais profundas do que as obtidas com a vara nas mesmas parcelas fora dos furos de sondagem. Devido a estas diferenças, para o resto da análise deste estudo, apenas foram utilizadas as medições da profundidade do núcleo. Todas as medições de profundidade recolhidas ao acaso foram convertidas utilizando a equação de regressão da profundidade do testemunho.

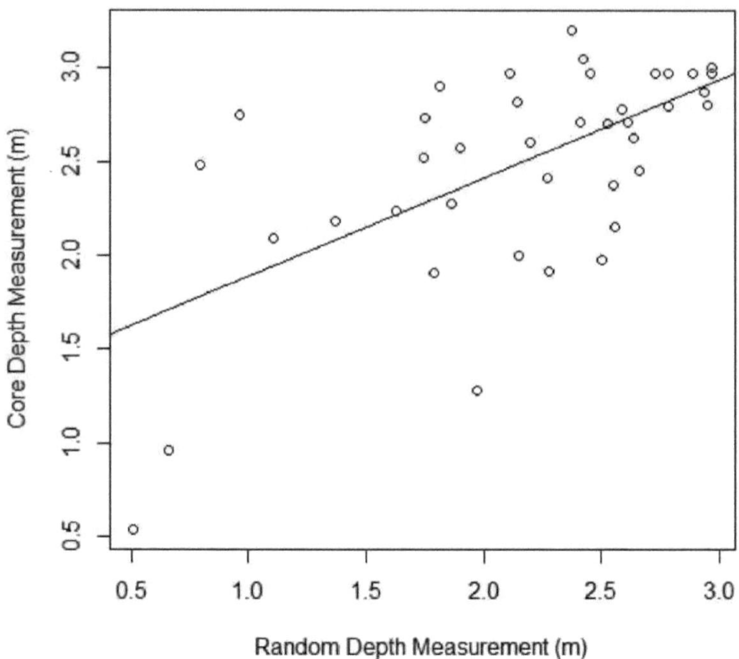


Figura 9: Relação entre a profundidade do núcleo e as medições de profundidade aleatórias em cada parcela.

A haste utilizada para medir a profundidade dos sedimentos foi de 2,97m, no entanto, não foi suficientemente longa para alcançar o leito rochoso em todas as parcelas; algumas tinham sedimentos mais profundos do que 2,97m. A Tabela 4 mostra a percentagem de parcelas em que o comprimento máximo da vara não era suficiente para atingir o leito rochoso (isto não inclui parcelas em que a vara de profundidade não podia ser empurrada mais longe devido à fricção do sedimento).

Tabela 4: Percentagem de parcelas onde o sedimento era mais profundo do que 2,97m

| Espécies | % de parcelas |
|---|---|
| *Avicennia marina* | 85.71 |
| *Avicennia marina* Mistura | 50.00 |
| *Rhizophora mucronata* | 33.33 |
| *Rhizophora mucronata* | 37.50 |

Mistura

*Ceriops tagal*                    75.00

___

As parcelas *de Avicennia* pareciam ter as maiores profundidades de sedimentos, sendo as parcelas *de Rhizophora* as mais rasas. Embora a categoria de espécies não tenha tido um efeito significativo na profundidade dos sedimentos ($F=2,27$, df=4,115, $p=0,066$), os grupos de espécies foram utilizados para análises subsequentes da BGC; o valor limite *de p*, o grande grau de variabilidade e o facto de a subestimação da profundidade dos sedimentos ter sido maior nas parcelas *de Avicennia* (Quadro 4) sugeriram que seria útil manter esta distinção. As profundidades médias dos sedimentos para cada categoria de espécies foram calculadas utilizando as profundidades máximas medidas; assim, os valores apresentados na Figura 10 são subestimados em todos os casos e são menos exactos para as parcelas *de Avicennia*.

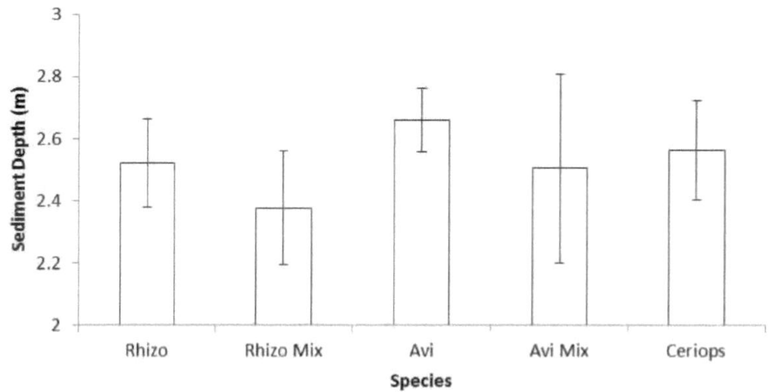


Figura 10: Profundidade do sedimento medida (média ± IC 95%) para cada grupo de espécies de mangue (n=120).

### 2.3.2. Quantificação do carbono e estabelecimento de uma metodologia

A análise de regressão das amostras enviadas para análise de CN revelou uma forte relação (R ajustado$^2$ = 64%, $F=95,31$, df=1,70, $p<0,0001$, ver Figura 11) entre OM e CC; produzindo uma equação de conversão OM para CC:

$$CC(g/g) = 0.00172 + 0.426 \times OM(g/g) \tag{7}$$

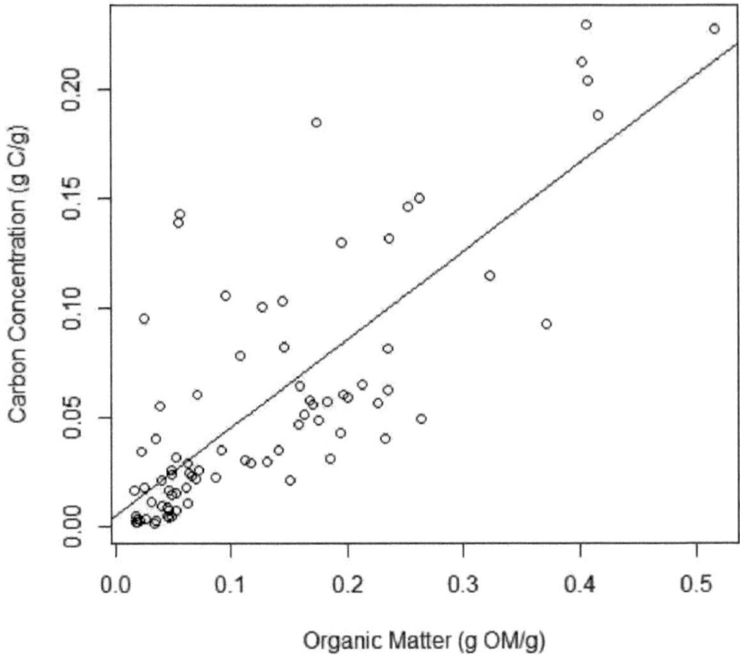


Figura 11: Relação entre matéria orgânica (g OM/g) e concentração de carbono (g C/g).

Não foi encontrado nenhum efeito significativo das espécies (*F=1*,24, df=4,70, *p=0*,303) ou da profundidade (*F=0*,84, df=1,70, *p=0*,363) na relação entre OM e CC. Por conseguinte, foi aplicado o mesmo fator de conversão a todos os grupos de espécies e a todas as amostras ao longo do perfil de profundidade antes de converter as amostras em densidade de carbono.

Para decidir se as parcelas de *Rhizophora mucronata* com montículos de coral deveriam ser incluídas na análise, o efeito da presença de coral foi testado na profundidade do sedimento e na densidade de carbono. A ANOVA de uma via revelou que a profundidade dos sedimentos nas parcelas com corais era significativamente menor do que nas parcelas sem corais (*F=6*,41, df=1,11, *p=0*,028; Figura 12). A densidade de carbono também foi significativamente menor nas parcelas de coral (*F=10*,44, df=1,11, *p=0*,008; Figura 13). Estes resultados apoiaram a exclusão das parcelas de coral do grupo *Rhizophora* numa análise posterior.

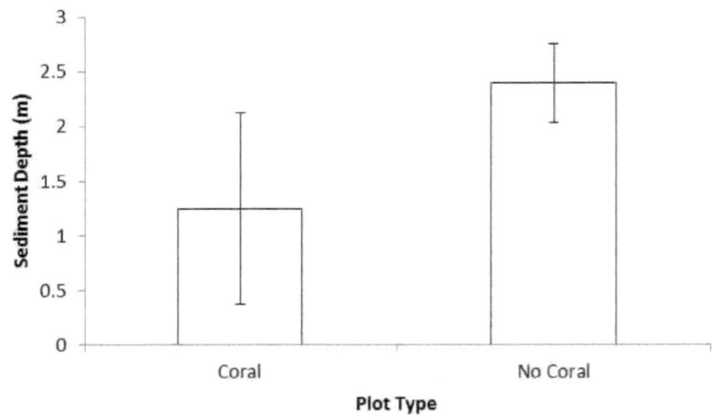

Figura 12: Profundidade do sedimento (média ± 95% CI) em parcelas com coral e sem coral *Rhizophora mucronata* (n=13).

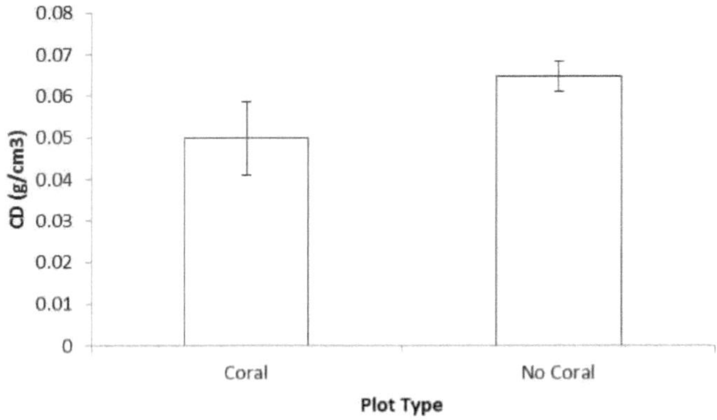

Figura 13: Densidade de carbono (média ± 95% CI) até 1m em parcelas com coral e sem coral *Rhizophora mucronata* (n=13).

## 2.3.3. Efeitos das espécies e da profundidade dos sedimentos na densidade de carbono e na BGC (t ha )$^{-1}$

Verificou-se que a densidade de carbono é significativamente diferente entre as espécies de mangue (*F=5,624*, df=4,37, *p=0,0012*). *Rhizophora* e *Avicennia* Mix apresentaram a maior e a menor média de DC com valores de 0,064g/cm$^3$ e 0,031g/cm$^3$ respetivamente (teste post-hoc de Tukey, *p=0,009*). *Rhizophora* também teve um CD significativamente mais elevado em comparação com *Ceriops* (*p<0,001*). A profundidade do sedimento não teve efeito na densidade de carbono (*F=0,124*, df=1,611, *p=0,394*, ver Figura 14).

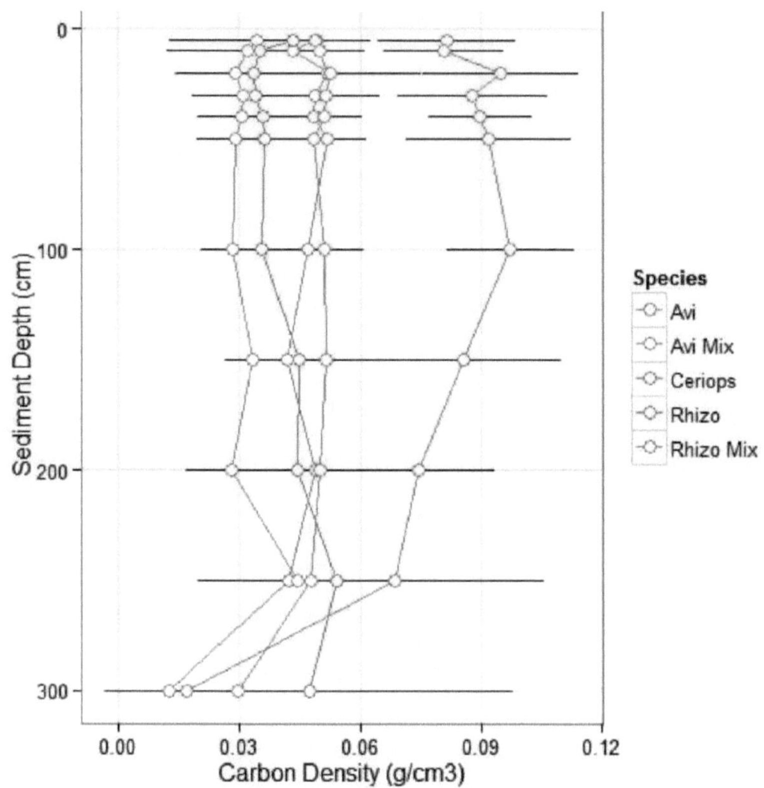


Figura 14: Perfil de profundidade da densidade de carbono a 3m para cada grupo de espécies (média ± 95% CI).

Tabela 5: Número de réplicas por intervalo de profundidade para cada grupo de espécies de mangue.

**Número de réplicas**

| Profundidade (cm) | Rhizophora | Mistura de Rhizophora | Avicennia | Mistura de Avicennia | Ceriops |
|---|---|---|---|---|---|
| 5 | 7 | 7 | 13 | 4 | 7 |
| 10 | 7 | 8 | 14 | 4 | 8 |
| 20 | 7 | 8 | 14 | 4 | 8 |
| 30 | 7 | 8 | 14 | 4 | 8 |
| 40 | 7 | 8 | 14 | 4 | 8 |
| 50 | 7 | 8 | 14 | 4 | 8 |

| 100 | 7 | 8 | 14 | 4 | 8 |
| 150 | 7 | 6 | 10 | 4 | 8 |
| 200 | 5 | 6 | 10 | 4 | 6 |
| 250 | 3 | 4 | 7 | 1 | 5 |
| 300 | 1 | 1 | 4 | 0 | 2 |

Verificou-se que as espécies têm um efeito significativo no BGC a 1m de profundidade ($F=5,55$, df=4,36, $p=0,001$, ver Figura 15). Como se pode ver nos resultados da densidade de carbono, as parcelas de *Rhizophora mucronata* e *Avicennia marina* Mix tiveram o BGC médio mais alto e mais baixo$_{1m}$ ; 646 t C ha$^{-1}$ e 307 t C ha$^{-1}$ respetivamente ( $p=0.0038$). O BGC de *Rhizophora mucronata*$_{1m}$ também foi significativamente diferente do de *Ceriops tagal*, com 359 t C ha$^{-1}$ ( $p=0,0029$).

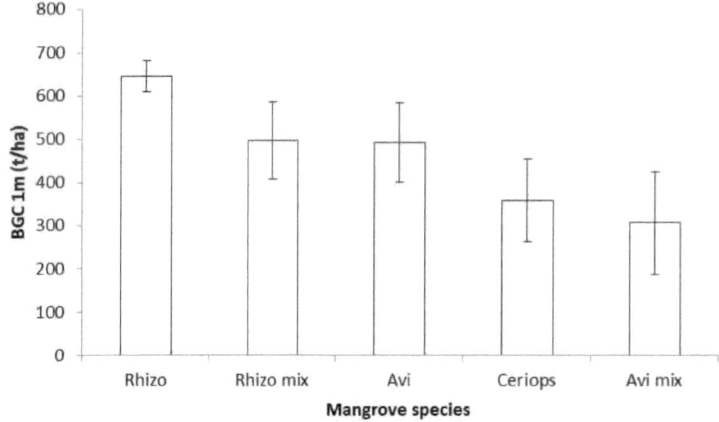


Figura 15: Carbono subterrâneo (t/ha) a 1m de profundidade do sedimento para cada grupo de espécies (média ± 95% CI).

As espécies tiveram um efeito significativo no BGC$_{md}$ (análise efectuada utilizando dados transformados $_{log10}$, $F=4,85$, df=4,35, $p=0,003$, ver Figura 16). *Rhizophora mucronata* e *Avicennia marina* Mix mais uma vez tiveram o BGC médio mais alto e mais baixo; 1525 t C ha$^{-1}$ e 770 t C ha$^{-1}$ respetivamente ($p=0,0066$). *Avicennia marina* teve o segundo BGC mais alto (1360 t C ha$^{-1}$ ) e também foi significativamente diferente de *Avicennia marina* Mix ($p=0,0219$).

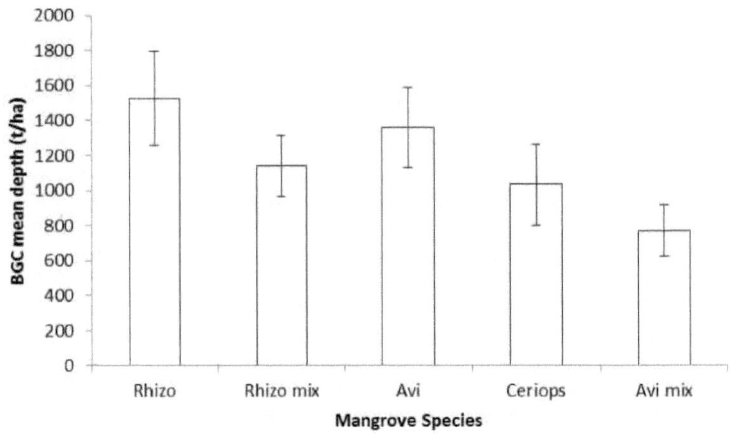

Figura 16: Carbono subterrâneo (t/ha) em relação à profundidade média do sedimento para cada grupo de espécies (média ± 95% CI).

### 2.3.4. Efeito do contexto ambiental nas reservas de carbono no subsolo

Foi encontrada uma relação positiva forte e significativa entre a distância da costa (DFC) e BGC a 1m (Figura 17) e a profundidade média; $BGC_{1m}$ =276+0.22×$DFC$, R ajustado$^2$ =49%, $F$=38.39, df=1,38, $p$<0.0001 e $BGC_{md}$ =777+0.521×$DFC$, R ajustado$^2$ =44%, $F$=31.43, df=1,38, $p$<0.001 respetivamente.

Foram encontradas relações positivas fracas entre a biomassa acima do solo (AGB) e BGC1m e BGCmd ( $BGC_{1m}$ =370+1,54×$AGB$, R ajustado$^2$ =13%, $p$=0,0143 e $BGC_{md}$ =1008+3,19×$AGB$, R ajustado$^2$ =10%, $p$=0,0261 respetivamente;

Figura 18). Não foi evidente qualquer relação entre a altura acima do ponto de referência da carta e BGC1m ou BGCmd ($p$=0,4557 e $p$=0,0902, respetivamente; Figura 19).

A)                                             B)

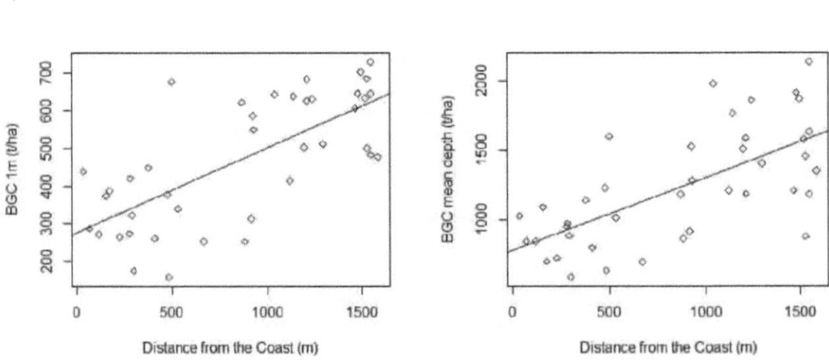

Figura 17: Relação entre a distância da costa (m) e A) carbono subterrâneo a 1m e B) carbono subterrâneo à profundidade média (t/ha) (n=40).

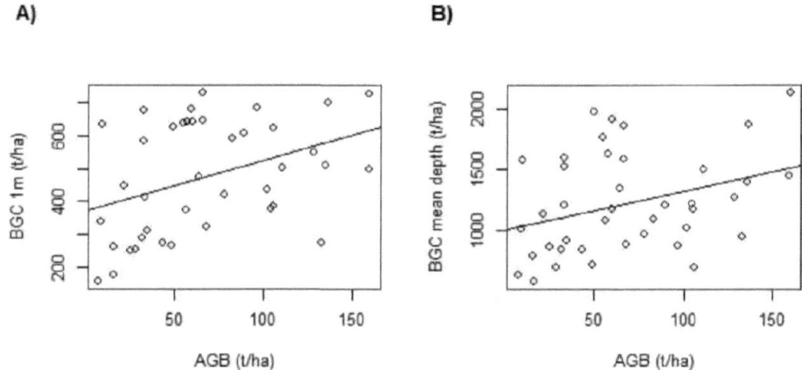


Figura 18: A relação entre a biomassa acima do solo (t/ha) e A) carbono abaixo do solo a 1m e B) carbono abaixo do solo à profundidade média (t/ha) (n=40).

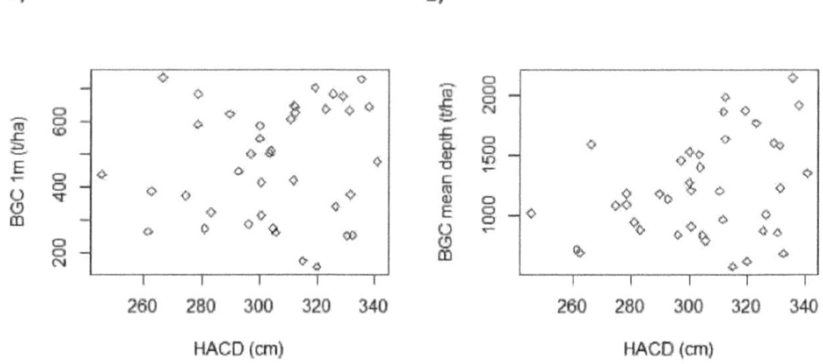


Figura 19: Relação entre a altura acima do ponto de referência da carta (cm) e A) carbono subterrâneo a 1m e B) carbono subterrâneo à profundidade média (t/ha) (n=40).

## 2.3.5. Contexto ambiental e efeito das espécies na BGC

A ANCOVA no BGC1m revelou que não houve interação significativa entre a distância da costa e a espécie ($F=1,63$, df=4,30, $p=0,1936$), pelo que foram investigados os efeitos principais. Não foi evidente qualquer efeito significativo das espécies, mas houve um efeito significativo da DFC ($F=1,56$, df=4,30, $p=0,2108$ e $F=10,86$, df=1,30, $p=0,0025$ respetivamente; Figura 20). O Fator de Inflação da Variância indicou uma forte colinearidade entre as espécies e o DFC, sugerindo que as espécies estavam a confundir o efeito positivo anterior do DFC; VIF generalizado=20050,9.

Para o BGCmd, não foi encontrado nenhum efeito de interação ou de espécie, mas o DFC teve um efeito significativo (ANCOVA; Interação $F=0,73$, df=4,30, $p=0,5776$; efeito principal de espécie $F=1,02$, df=4,30, $p=0,4112$; $F=31,22$, df=1,30, $p<0,0001$ respetivamente). O Fator de Inflação da Variância indicou novamente uma forte colinearidade entre Espécies e DFC; VIF generalizado=20050,9.

Ao testar a relação entre AGB e BGC1m /BGCmd, a ANCOVA não revelou qualquer efeito de interação, espécie ou AGB sobre BGC1m ou BGCmd (BGC1m Interação $F=0,57$, df=4,30, $p=0,6899$; espécie efeito principal $F=1,09$, df=4,30, $p=0.3798$; efeito principal AGB $F=5.71$, df=1,30, $p=0.0234$, Interação BGCmd $F=0.56$, df=4,30, $p=0.6949$; efeito principal espécie $F=1.30$, df=4,30, $p=0.2920$; efeito principal AGB $F=5.31$, df=1,30, $p=0.0283$ respetivamente; ver Figura 21). A inflação da variância

O fator indicou uma forte colinearidade entre as espécies e a AGB, sugerindo que as espécies estavam a confundir o efeito positivo da AGB encontrado anteriormente; VIF generalizado = 1382,3.

Com as espécies incorporadas no modelo, não foi encontrada nenhuma interação significativa entre HACD e BGC1m/BGCmd ($F=0,65$, df=4,25, $p=0,629$ e $F=0,47$, df=4,25, $p=0,756$ respetivamente; ver Figura 22). A investigação dos efeitos principais também não revelou qualquer efeito significativo do HACD ou da espécie no BGC1m ou no BGCmd; efeito principal da espécie BGC1m $F=0,52$, df=4,25, $p=0,723$; efeito principal do HACD $F=0,02$, df=1,25, $p=0,890$; efeito principal da espécie BGCmd $F=0,44$, df=4,25 $p=0,782$; efeito principal do HACD $F=1,03$, df=1,25, $p=0,319$, respetivamente).

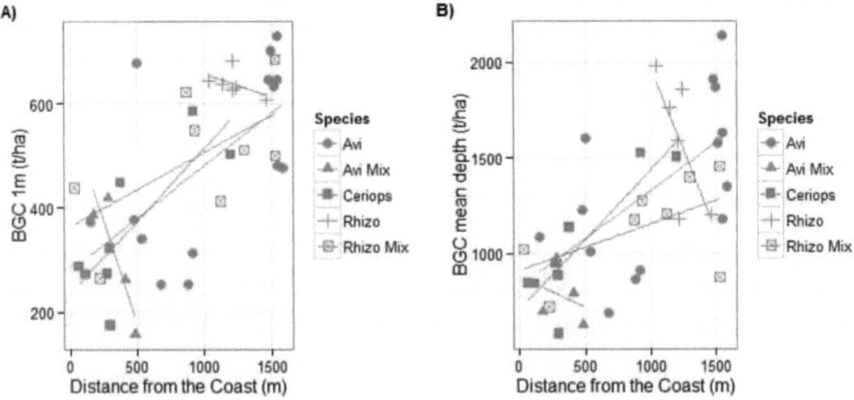


Figura 20: Relação entre a distância da costa (m) e A) carbono subterrâneo a 1m e B) carbono subterrâneo à profundidade média (t/ha)

(n=40).

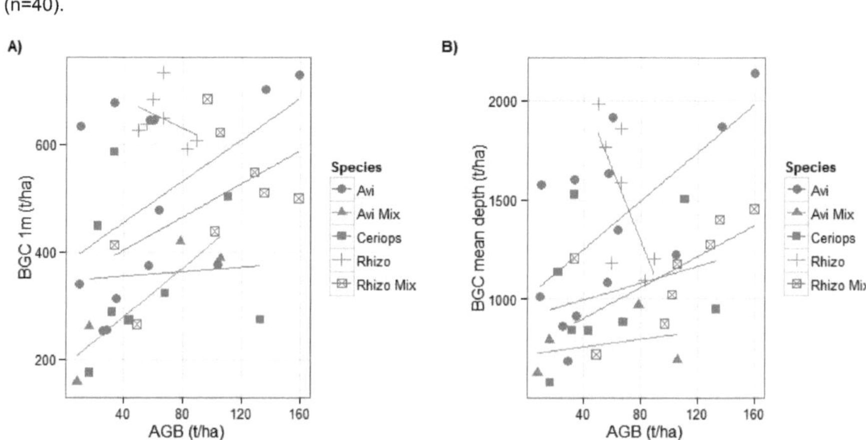

Figura 21: Relação entre a biomassa acima do solo (t/ha) e A) carbono abaixo do solo a 1m e B) carbono abaixo do solo à profundidade média (t/ha)

(n=40).

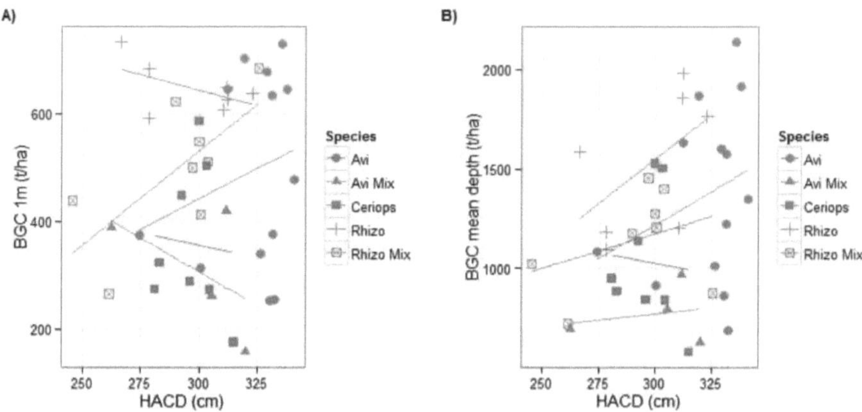

Figura 22: A relação entre a altura acima do ponto de referência da carta (cm) e A) o carbono subterrâneo a 1m e B) o carbono subterrâneo à profundidade média (t/ha)

(n=40).

## 2.4. Discussão

Os estudos existentes sobre o armazenamento de carbono nos mangais mostram que os sedimentos dos mangais estão entre as maiores reservas de carbono orgânico na biosfera marinha (Donato *et al.* 2011; Kauffman *et al.* 2011; Cuc *et al.* 2009; Fujimoto *et al.* 1999). O facto de os valores actuais de armazenamento representarem geralmente apenas os primeiros 1-2 m de sedimento, quando se sabe que os sedimentos são muito mais profundos em muitos casos, sugere que estas estimativas de armazenamento de carbono estão significativamente subestimadas. Tue *et al.* (2014) parece ser o único estudo que tentou estimar as reservas de carbono subterrâneo até 4 m (com base em valores de concentração de carbono entre 1,5 e 2,5 m). A escassez de pesquisas sobre a dinâmica do carbono abaixo do solo nos manguezais demonstra a importância do presente estudo.

### 2.4.1. Profundidade do sedimento

A parte inicial deste capítulo envolveu o estabelecimento dos melhores métodos para analisar os dados de sedimentos. Devido à limitação do comprimento da haste, 2,97 m foi a profundidade mais profunda registada; com uma profundidade média de sedimentos de 2,6 m em todos os grupos de espécies. Poucos estudos tentaram medir a profundidade dos sedimentos do mangue (ver Tue *et al.* 2014) e investigar as diferenças entre as espécies. Medir até 3m de profundidade do sedimento significa que o presente trabalho deu uma contribuição significativa para o conhecimento atual sobre sedimentos de mangue, permitindo uma melhor precisão das estimativas de armazenamento de BGC, uma vez que a maioria dos estudos considera apenas o 1 ou 2m superior (Donato *et al.* 2011; Fujimoto *et al.* 1999).

Verificou-se que a profundidade do núcleo (medição da haste de profundidade no furo do núcleo) representa com maior exatidão a profundidade do sedimento. Isto deveu-se, muito provavelmente, ao facto de o processo de remoção do sedimento no furo de sondagem ter permitido que a vareta de profundidade atingisse uma maior profundidade, uma vez que havia pouca ou nenhuma fricção durante a maior parte da profundidade medida. O sondador pode ter atingido apenas 2 m, mas a haste de profundidade mais estreita foi capaz de penetrar mais fundo devido à redução do atrito resultante da remoção do sedimento sobrejacente e também do diâmetro mais pequeno. A discrepância entre os dois métodos (sondagem e medição aleatória da profundidade) diminuiu com o aumento da profundidade dos sedimentos, o que sugere que, em sedimentos mais profundos, as medições com vara foram mais exactas (Figura 9). Este facto é muito provavelmente influenciado pelo tipo de sedimento. Por exemplo, nos sedimentos arenosos *de Avicennia marina* (onde se obtiveram medições de maior profundidade), existem apenas raízes muito finas e densas na região da superfície e a textura do sedimento não produz muita fricção/restrição na haste (ou no corer). As medições aleatórias de profundidade poderão, por conseguinte, atingir profundidades iguais às do método da profundidade do núcleo. Os sedimentos que são mais difíceis de medir beneficiarão mais da medição da profundidade do núcleo, uma vez que uma parte do sedimento já foi removida. A densidade da floresta também afectaria as medições de profundidade; florestas mais densas terão uma densidade de raízes muito maior dentro do sedimento, tornando muito difícil evitá-las e alcançar o leito rochoso (Cairns *et al.* 1997).

A maioria das parcelas excedeu 2,97 m de profundidade do sedimento, sendo as parcelas *de Avicennia* as mais profundas (Tabela 4). Estes resultados concordam com Tue *et al.* (2014) que relataram profundidades de sedimentos de mangue de >4m. Os números relatados, no entanto, são confundidos pelas relações entre o tipo de sedimento, a densidade da floresta e a capacidade de amostragem discutida acima. Estes dois factores restringem a entrada da haste no sedimento, pelo que, em algumas parcelas, a profundidade pode ter sido superior a 2,97 m, mas não pôde ser alcançada e, portanto, não foi incluída na Tabela 4. Os valores representados na Tabela 4 podem, portanto, ser subestimados, uma vez que não incluem parcelas onde o comprimento total da vara não foi utilizado devido à restrição do tipo de sedimento ou raízes. Este método de medição manual da profundidade foi limitado não só pelo comprimento da vara mas também pela força do pessoal de campo. Muitas parcelas podem ter tido sedimentos significativamente mais profundos, mas devido à falta de força ou à obstrução por raízes, a verdadeira profundidade do sedimento não foi alcançada. O que também é interessante é o facto de a profundidade do sedimento de certas parcelas de espécies ser mais subestimada do que outras; nomeadamente para *Avicennia*, onde 85% das parcelas não atingiram o leito rochoso. As medições de profundidade podem ser as mais exactas para as parcelas de *Rhizophora mucronata* e *Rhizophora mucronata* Mix (33% e 37% de insucesso em atingir o leito rochoso, respetivamente), no entanto, o sedimento nas parcelas *de Rhizophora mucronata* e *Rhizophora mucronata* Mix tornaram-nas as mais difíceis de amostrar devido à natureza pegajosa e densa da lama. As medições de profundidade nestas parcelas também foram provavelmente subestimadas, numa medida não reflectida no quadro 4, uma vez que o comprimento total da vara não pôde ser utilizado devido à natureza do sedimento. Por conseguinte, a comparação inter-espécies apresentada na figura 10 (e de significado marginal) não é necessariamente uma representação exacta dos resultados reais. Uma vez que a profundidade do sedimento é subestimada (nalgumas espécies mais do que noutras), os valores das reservas de carbono subterrâneas aqui apresentados são também subestimados, embora representem uma melhoria em relação às estimativas existentes.

## 2.4.2. Quantificação do carbono

O fator de conversão OM-C aqui estabelecido foi necessário para a quantificação do carbono neste estudo e deve ser útil para quaisquer estudos futuros nos mangais da África

Oriental. Muitos estudos anteriores aplicaram um valor genérico de 1,72 (DelVechia *et al.* 2014; McLeod *et al.* 2011; Duarte *et al.* 2005; Chmura *et al.* 2003); os 2,2 derivados para Gazi sugerem que existem diferenças específicas do país que podem influenciar as estimativas de C total.

A análise de amostras ao longo da distribuição dos valores de OM dentro de cada tipo de espécie permitiu uma análise mais eficaz das diferenças entre parcelas de cada espécie. Para cada parcela selecionada, todo o núcleo (cada amostra de intervalo de profundidade) foi enviado para análise, para que o efeito da profundidade pudesse ser testado. O facto de não ter sido encontrado qualquer efeito de espécie ou profundidade nesta análise significou que o tamanho da amostra foi efetivamente aumentado com todas as espécies e intervalos de profundidade incorporados numa regressão, maximizando o poder estatístico da análise.

### 2.4.3. Densidade do carbono

A investigação neste capítulo centrou-se na densidade de carbono e não na concentração de carbono, no entanto, a análise inicial (não apresentada nos Resultados) mostrou que houve uma diminuição da concentração de carbono com a profundidade do sedimento, de acordo com as conclusões de Donato *et al.* (2011). Como o armazenamento de carbono era de interesse neste capítulo (e não a química), a densidade de carbono era a medida mais adequada para se concentrar. Como não foi encontrado nenhum efeito da profundidade na densidade de carbono, é possível que a diminuição da concentração de carbono seja neutralizada pelo aumento da densidade aparente com o aumento da profundidade do sedimento (Tue *et al.* 2014; Adame *et al.* 2013; Bianchi *et al.* 2013; Saintilan *et al.* 2013; Tue *et al.* 2012; Donato *et al.* 2011; Fujimoto *et al.* 1999). Alongi *et al.* (2000) também não registaram qualquer efeito da profundidade no carbono orgânico total (COT) em parcelas *de Rhizophora*, no entanto, em parcelas de *Avicennia,* verificou-se uma diminuição do COT com a profundidade. Por conseguinte, foi aceite a hipótese nula de que a profundidade dos sedimentos não teria qualquer efeito na densidade de carbono do mangal (secção 1.7).

Embora não tenha sido encontrado nenhum efeito global da profundidade, parece haver uma redução do DC para a maioria dos grupos de espécies na marca dos 3m (ver Figura 14). Este facto talvez não tenha sido considerado significativo devido à reduzida dimensão da amostra a essa profundidade (3 m). Não é possível prever, uma vez que não nos foi possível recolher amostras mais profundas, mas este pode ser o ponto em que o DC diminui com a profundidade. Curiosamente, o pico de DC em *Rhizophora* no intervalo de 20cm também foi registado por Sakho *et al.* (2014).

De acordo com pesquisas anteriores, as diferenças de espécies na densidade de carbono foram evidentes (Sakho *et al.* 2014; Liu *et al.* 2013; Wang *et al.* 2013; Huxham *et al.* 2010; Bouillon *et al.* 2003; Alongi *et al.* 2000). Apenas *Rhizophora mucronata* (mais alto) foi encontrado para ser significativamente diferente de *Avicennia marina* Mix (mais baixo) e *Ceriops tagal*, no entanto, parece haver diferenças entre *Rhizophora mucronata* e *Avicennia marina*, bem como *Rhizophora mucronata* Mix até 1,5 m (ver Figura 14). Estas diferenças não foram significativas, provavelmente como resultado de um baixo poder estatístico; as barras de erro alargam-se a 1,5 m devido à redução das amostras recolhidas a essa profundidade e mais além. Liu *et al.* (2013) relataram que *Rhizophora* tem uma densidade de carbono significativamente maior do que os sedimentos de *Avicennia,* apoiando os resultados encontrados neste estudo. Verificou-se que as raízes *de Avicennia* contêm níveis mais elevados de carbono em comparação com as raízes de *Rhizophora* (Rodrigues *et al.* 2014, Alongi *et al.* 2003). Isto apoia o facto de existirem diferenças entre espécies e também sugere que os níveis mais elevados de carbono nos sedimentos *de Rhizophora* são causados por outros factores ambientais.

### 2.4.4. Armazenamento de carbono no subsolo

As estimativas finais do reservatório de carbono subterrâneo dependem de erros nas diferentes fases do processo, mas isso é inevitável no caso de trabalhos que envolvem diferentes estimativas e aumento de escala dos valores. Os intervalos de confiança bastante amplos reflectem este facto. Os valores de BGC aqui reportados são consistentes com os encontrados noutros estudos; 1.171 t C ha$^{-1}$ a 2m por Fujimoto *et al.* (1999) na Micronésia, 1.023 t C ha$^{-1}$ a 2m por Donato *et al.* (2011) na região do Indo-Pacífico e 658 t C ha$^{-1}$ a 1m por Liu *et al.* (2013) na China. Esses estudos amostraram locais que eram predominantemente *Rhizophora mucronata*; em Gazi, as florestas de *Rhizophora mucronata* tinham um BGCmd médio de 1.272 t C ha$^{-1}$ a 2m de profundidade (1.525 t C ha$^{-1}$ a uma profundidade média de 2,52m). Como mencionado anteriormente, Tue *et al.* (2014) estimaram as reservas de BGC até 4m com base em amostras de sedimentos até 2,5m no Vietname. A BGC em Gazi foi estimada em 657,4 t ha$^{-1}$ , o que é baixo em comparação com alguns outros estudos (Alongi 2014; Wang *et al.* 2013; Donato *et al.* 2011; Fujimoto *et al.* 1999), no entanto, comparável a outro estudo no Vietname por Cuc *et al.* (2009), que relatou reservas de BGC tão baixas quanto 52-93 t ha$^{-1}$ até 1m. Como foi evidente um efeito significativo das espécies na BGC, a hipótese nula (as espécies de mangue não terão efeito nas reservas de carbono dos sedimentos) foi rejeitada.

Quadro 6: Resumo da investigação comparativa e da abordagem analítica.

| Sítio | Autor | Profundidade | Método |
|---|---|---|---|
| Micronésia | Fujimoto et al. (1999) | 2m | Analisador CN para quantificar o carbono, utilizando a profundidade média estimada dos sedimentos de 2 m, predominantemente *Rhizophora mucronata* |
| Indo Pacífico | Donato *et al.* (2011) | 2m | amostras de sedimentos apenas até 1 m, profundidade dos sedimentos medida até 3 m, método LOI utilizado, predominantemente *Rhizophora mucronata* |
| China | Liu *et al.* (2013) | 1m | obteve dados de 3 fontes: Relatório nacional de inventário dos recursos do mangal. Resource Inventory Report em 2002, literatura disponível e medições no terreno,<br><br>método de oxidação com dicromato de potássio para a determinação do teor de C<br><br>predominantemente Rhizophora mucronata |
| Vietname | Tue *et al.* (2014) | 4m | Amostras de sedimentos até 2,5 m, medições de profundidade até 4 m, método LOI |
| Vietname | Cuc *et al.* (2009) | 1m | Amostras de sedimentos a 1m, analisador CN utilizado, *espécies de mangais k. candel* |

## 2.4.5. Contexto ambiental

A biomassa acima do solo tem potencialmente uma grande influência nas reservas de carbono, uma vez que, com o aumento da biomassa e da produção primária líquida, há uma maior entrada de raízes mortas ao longo do tempo, bem como uma maior taxa de queda de folhada (Ren *et al.* 2010). De acordo com Tue *et al.* (2014), Wang *et al.* (2013) e Donato *et al.* (2011), o carbono abaixo do solo foi positivamente, mas fracamente correlacionado com a biomassa acima do solo. A variação nos interceptos para cada grupo de espécies para BGC com AGB reforça a natureza específica das espécies das relações observadas, mas isso reflete essencialmente as diferenças de espécies em BGC observadas anteriormente. Surpreendentemente, não foi encontrada qualquer interação entre a AGB e as espécies na ANCOVA, apesar das diferenças na direção dos declives apresentados na Figura 21. Algumas das linhas de regressão, embora ajustadas, não são provavelmente significativas por direito próprio se tiverem sido ajustadas independentemente, daí a falta de interação encontrada. A influência do AGB no BGC pode ser mais forte consoante a localização; Donato *et al.* (2011) registaram uma correlação mais forte em locais oceânicos do que em locais estuarinos, o que pode estar relacionado com a zonação das espécies. Também depende da escala do projeto, porque embora as diferenças de pequena escala em Gazi não fossem significativas, numa escala maior essas diferenças seriam mais pronunciadas. Chen *et al.* (2012) descobriram que as plantações mistas de mangue tinham maior acumulação de carbono no sedimento, apesar de terem menor biomassa acima do solo.

Embora o AGB seja responsável pela densidade das árvores em termos de biomassa (ou seja, muitas árvores pequenas podem ter a mesma biomassa que algumas árvores grandes), a densidade das árvores pode influenciar outras variáveis ambientais, como a cobertura do dossel. A redução da cobertura do dossel numa floresta de mangue menos densa permitiria que mais luz penetrasse no sedimento, aumentando as temperaturas da superfície do sedimento e a evaporação da água, o que pode influenciar as taxas de decomposição e, portanto, as reservas de carbono (Lang'at *et al.* 2014; Kim 2000; Ashton *et al.* 1999).

Outro fator que não foi tido em conta foi o grau de degradação da floresta na parcela. A relação entre a biomassa acima do solo e o carbono abaixo do solo teria tido em conta este aspeto, mas as estimativas médias do carbono abaixo do solo poderiam estar ligeiramente subestimadas e não refletir os níveis históricos. A limpeza da floresta (remoção completa da biomassa florestal acima do solo) e a degradação (corte/colheita de árvores em pequena escala) resultam geralmente numa perda de carbono abaixo do solo (Lang'at et al. 2014; Guimarães *et al.* 2013; Zhang *et al.* 2012; Beheshtia *et al.* 2012; Putz *et al.* 2008; Yanai *et al.* 2003; Schultze *et al.* 1999; Fearnside & Barbosa 1998; Olsson *et al.* 1996 e Capítulo 5). Tendo isto em conta, é possível que algumas parcelas degradadas tenham sido incluídas na análise, resultando assim numa subestimação da densidade de carbono/BGC.

A distância da costa e a altura acima do ponto de referência da carta podem influenciar a quantidade de entrada alóctone do mar e, subsequentemente, a quantidade de carbono depositado no sedimento (Wang *et al.* 2013). O aumento da amplitude das marés está tipicamente correlacionado com o aumento da produtividade; no entanto, a amplitude das marés é a mesma para a maioria, se não para todos os locais no Quénia, pelo que não ajudaria a explicar qualquer variação na BGC. A hipótese nula de que a distância da costa não terá qualquer efeito nas reservas de carbono subterrâneas dos mangais (Secção 1.7) foi rejeitada, uma vez que foi encontrada uma forte relação positiva entre a distância da costa e a BGC (R ajustado$^2$ =49% e 44% para 1m e profundidade média, respetivamente).

Isto corrobora as conclusões de Wang *et al.* (2013), em que a BGC aumentou com o gradiente das marés; a zona intertidal alta apresentou níveis mais elevados de BGC, talvez devido a um maior stress ambiental e a uma diminuição da relação C:N, resultando em taxas de decomposição reduzidas (Huxham *et al.* 2010). No entanto, também pode ser devido à zonação das espécies, o que apoiaria a colinearidade encontrada aqui entre DFC e espécies. Tue *et al.* (2014) descobriram que a configuração geomorfológica e a zonação do mangue afetaram significativamente o armazenamento de BGC. Os mangais marginais (perto da margem do rio), constituídos por *Avicennia,* apresentaram BGC significativamente mais baixo do que as florestas interiores que consistiam principalmente em *Rhizophora* (Tue *et al.* 2014). Este facto é consistente com os resultados do presente estudo e com os de Wang *et al.* (2013), uma vez que sugere que a BGC aumenta com a distância da costa e que os sedimentos *de Rhizophora* têm níveis mais elevados de BGC.

A colinearidade entre as espécies e o DFC sugere que as espécies estão a confundir o efeito do DFC no BGC. Tanto as espécies como o DFC têm um efeito significativo na BGC, mas estão claramente a explicar o mesmo padrão de variação da BGC. Como demonstrado por Tue *et al.* (2014), o efeito de dois locais geomorfológicos diferentes sobre a BGC poderia ser explicado também através das duas espécies diferentes encontradas nesses locais diferentes (*Avicennia marina* perto da margem do rio e *Rhizophora mucronata* na floresta interior). Certas espécies são mais susceptíveis de serem encontradas a maiores ou menores distâncias da costa. Por exemplo, *a Avicennia* é tipicamente encontrada na zona intertidal alta (Huxham *et al.* 2010). Em Gazi, *Avicennia* tem uma distribuição bimodal, com árvores na zona intertidal alta e também ocorrendo na zona intertidal baixa (aproximadamente 1400m e 500m da costa, respetivamente). Tue *et al.* (2014) também encontraram *Avicennia* na franja (perto da costa). Uma vez que a identidade da espécie e a distância da costa estão fortemente relacionadas, um estudo de campo como o presente não pode separar de forma convincente estes efeitos, no entanto os resultados sugerem que a espécie é um preditor muito melhor da BGC.

A altura acima da carta de referência (HACD) dá uma ideia de quanto tempo certas parcelas são inundadas pela água do mar/tempo de residência da água. Isto pode afetar o processo de degradação da matéria orgânica no sedimento (Huxham *et al.* 2010). Como a HACD influenciaria principalmente a parte superior do sedimento (pois é onde reside a água do mar), é surpreendente que tenha sido encontrada uma relação para $BGC_{md}$, mas não para $BGC_{1m}$. É possível que isto se deva à troca de águas subterrâneas impulsionada pelo bombeamento das marés, e o $BGC_{md}$ pode dar uma representação mais exacta dos efeitos desta dinâmica (Maher *et al.* 2013). Através da advecção das águas subterrâneas, mais de 90% do DIC (carbono inorgânico dissolvido) e DOC (carbono orgânico dissolvido) são exportados dos sedimentos profundos dos mangais (Maher *et al.* 2013). Isto apoia as conclusões de que as parcelas mais próximas da costa têm BGC mais baixo; DIC e DOC são exportados através do bombeamento das marés. No entanto, através deste processo, o POC (carbono orgânico particulado) é importado para o sedimento, o que aumentaria o BGC em parcelas mais próximas da costa e com maior bombeamento de maré. A hipótese nula não pode ser rejeitada ou aceite, uma vez que a HACD não é uma medida exacta da inundação das marés e também devido aos resultados contraditórios entre a $BGC_{md}$ e a $BGC_{1m}$.

A espécie parece ser o melhor preditor do BGC no local de estudo (uma vez que o DFC foi confundido com a espécie). Até à data, apenas um outro estudo (Tue *et al.* 2014) quantificou as reservas de carbono abaixo do solo a esta profundidade, no entanto, nenhum outro estudo investigou tantas variáveis, incluindo a profundidade do sedimento, espécies, biomassa acima do solo, distância da costa e altura acima do datum gráfico. Os resultados actuais reforçam a conclusão geral de que os mangais têm grandes reservas de carbono e sugerem que essas reservas são geralmente subestimadas. A inclusão da gama de variáveis ambientais no presente trabalho permite uma compreensão mais abrangente dos factores determinantes da armazenagem de carbono nos sedimentos dos mangais. São necessárias mais pesquisas em outros locais de manguezais, com um aumento no tamanho da amostra de cada variável, para garantir uma representação adequada da distribuição de HACD, DFC e AGB dentro de cada grupo de espécies.

## 2.5. Conclusão

Estes resultados demonstram que os sedimentos dos mangais em Gazi têm grandes reservas de carbono que se estendem abaixo das profundidades que a maioria dos estudos anteriores explorou. Assim, o consenso emergente na literatura sobre a importância das florestas de mangue como ecossistemas excecionalmente densos em carbono é apoiado, particularmente porque os números actuais são definitivamente subestimados. Verificou-se que a distância da costa, a AGB e a identidade das espécies influenciam a BGC. Este é o primeiro passo para a produção de um modelo preditivo para estimar as reservas de carbono dos mangais a partir de indicadores acima do solo. Conseguir isso com níveis aceitáveis de precisão permitiria uma estimativa muito mais fácil de BGC em outras florestas de mangue, facilitando avaliações de carbono florestal para fins de gestão, incluindo possíveis projetos de REDD + e mitigação do clima.

# CAPÍTULO 3: QUANTIFICAÇÃO DAS RESERVAS DE CARBONO ABAIXO DO SOLO NUM SEGUNDO SÍTIO (VANGA) E DESENVOLVIMENTO DE UM MODELO DE PREVISÃO

## Resumo

Os trabalhos anteriores centraram-se em estimativas pormenorizadas das reservas de carbono em áreas relativamente pequenas. Isto tem limitações óbvias em termos de generalidade e âmbito de aplicação. As variáveis que influenciam o BGC podem ser específicas do local, pelo que um modelo preditivo geral pode não ser viável. Com isto em mente, foi selecionado um segundo local no Quénia (Vanga) para investigar a variabilidade do local na dinâmica do carbono. Em consonância com Gazi, não se registou qualquer efeito da profundidade na densidade de carbono em Vanga. As espécies tiveram um efeito significativo no BGC1m e no BGCmd e não foi evidente qualquer efeito no local. Tanto em Gazi como em Vanga, *Rhizophora mucronata* teve o BGCmd médio mais elevado; 1597 t C ha$^{-1}$ e 1374 t C ha$^{-1}$ respetivamente. Foi encontrada uma interação entre o local e a distância da costa, tanto no BGC1m como no BGCmd, no entanto, um fator de inflação da variância elevado sugeriu que isto foi confundido pelas espécies. Não foi evidente qualquer efeito do local na relação entre AGB e BGC, mas a relação positiva foi muito fraca; R ajustado$^2$ =0,8% e 4% para BGC1m e BGCmd, respetivamente. Os resultados actuais reforçam a conclusão geral de que os mangais têm grandes reservas de carbono e, além disso, prevêem que qualquer variação dentro do país nas reservas de BGC no Quénia é melhor prevista pelas espécies de mangais. O modelo preditivo derivado permitirá estimativas de BGC em toda a costa do Quénia com base nas espécies de mangue presentes.

## 3.1. Introdução

Tal como referido no Capítulo 2, os mangais são um dos sumidouros de carbono mais eficientes do mundo devido ao seu elevado rácio AGB/GBC. Dominantes ao longo de muitas linhas costeiras tropicais e subtropicais, os mangais estão a ser alvo de um interesse crescente por esquemas de compensação de carbono, como o REDD+ (Redução das Emissões da Desflorestação e Degradação), a fim de proteger as grandes reservas de carbono no sedimento. No entanto, para fazer isso, são necessárias estimativas precisas das reservas (Pendleton *et al.* 2012; Siikamäki et al. 2012). Grande parte do trabalho anteríor centrou-se na estimativa detalhada das reservas de carbono em áreas relativamente pequenas (Lunstrum & Chen 2014; Liu *et al.* 2013; Donato *et al.* 2011; Kauffman *et al.* 2011; Fujimoto *et al.* 1999). Este facto tem limitações óbvias em termos de generalidade e âmbito de aplicação. Jardine & Siikamaki (2014) tentaram criar o primeiro modelo preditivo global para a BGC, mas a precisão das estimativas a nível nacional derivadas do seu modelo é pequena devido à grande variabilidade espacial; a BGC em mangais ricos em carbono foi 2,6 vezes superior à quantidade encontrada em mangais pobres em carbono. Devido a estas variações espaciais, o estabelecimento de modelos de previsão específicos para cada país pode revelar-se potencialmente mais exato e também mais obviamente útil para a política e gestão nacionais.

As florestas de mangue encontram-se numa série de locais, incluindo deltas, estuários, lagoas e ilhas. As diferentes caraterísticas topográficas e hidrológicas destes ambientes resultam no desenvolvimento de tipos ecológicos distintos de mangais: ribeirinhos, marginais, de bacia e de matos. Cada um destes ecótipos é caracterizado por diferentes condições ambientais. Por exemplo, as florestas ribeirinhas são periodicamente inundadas por água doce e salobra rica em nutrientes, ao passo que as florestas de matagal registam um baixo abastecimento de água, o que resulta numa elevada evaporação e num baixo nível de nutrientes que prejudica o crescimento das árvores de mangal (Syste 2014). As florestas de mangal estão geralmente associadas a sedimentos lamacentos, mas também podem crescer numa vasta gama de substratos, incluindo areia e sedimentos de carbonato cobertos por recifes de coral ou turfa (Woodroffe 1992). O cenário geomorfológico influenciará potencialmente a importação de material alóctone e a produção e exportação de material autóctone através da descarga do rio, da amplitude das marés, da potência das ondas e da turbidez (Saintilan *et al.* 2013; Yang *et al.* 2013; Adame *et al.* 2013). Estas diferenças geomorfológicas entre os locais de mangais contribuem para uma variabilidade potencialmente grande na BGC entre locais dentro do mesmo país e em escalas espaciais maiores.

Conforme salientado nos Capítulos 1 e 2, existem grandes lacunas de conhecimento no que respeita às reservas de carbono subterrâneas nos mangais e às variáveis que podem exercer influência sobre elas. O Capítulo 2 apresentou uma exploração desses efeitos num local bem estudado, mas não é claro até que ponto os resultados encontrados podem ser generalizados para outros locais. Para tal, foram realizados levantamentos de campo semelhantes aos descritos no capítulo 2 noutro local do Quénia, Vanga, a sul da baía de Gazi, para determinar se eram evidentes padrões semelhantes. Ao compreender a generalidade dos efeitos do contexto ambiental estabelecido em Gazi no Capítulo 2, podem ser tomadas decisões mais sólidas em termos de quais são os melhores indicadores das reservas de BGC nos mangais do Quénia.

O trabalho descrito neste capítulo teve os seguintes objectivos:

1)      Avaliar as relações entre uma série de variáveis - incluindo a identidade das espécies, profundidade, AGB e localização - e a quantidade de BGC presente na floresta de Vanga.

2)      Medir a profundidade média dos sedimentos na Vanga e utilizá-la para calcular o BGC armazenado à profundidade média.

3)      Comparar os resultados entre Gazi e Vanga relativamente às diferenças de local e estabelecer a importância e generalidade das influências ambientais.

4)      Com base neste conhecimento, desenvolver um modelo preditivo que permita estimar o armazenamento total de carbono nas florestas de mangue do Quénia.

Foram abordadas as seguintes lacunas de conhecimento (GiK's) levantadas no Capítulo 1:

•       GiK3 - Variação da profundidade dos sedimentos associados aos mangais.

•       GiK4 - Níveis de densidade de carbono nos sedimentos dos mangais e a variação ao longo do perfil de profundidade.

•       GiK5 - Reservas de carbono subterrâneas dos ecossistemas de mangais.

•       GiK9 - Efeito da composição de espécies de mangue nas reservas de carbono abaixo do solo e na densidade de carbono.

•       GiK12 - A quantidade de inundação pelas marés ou a distância da costa afectam o carbono dos sedimentos dos mangais.

GiK13 - Existe variabilidade dentro de cada país nas lojas BGC.

## 3.2. Metodologia

### 3.2.1. Localização do estudo

Vanga (4° 39' - 4° 40'S/39° 14' - 39° 17'E) foi selecionado como um segundo local adequado para permitir comparações entre locais de dados BGC com Gazi, com o objetivo de gerar um modelo preditivo para utilização noutros locais do Quénia. Vanga é maior do que Gazi e tem uma cobertura florestal de 23,51 km$^2$ (Huxham *et al.* 2015). A seleção de Vanga baseou-se no facto de estarem presentes as mesmas espécies de mangue estudadas no Capítulo 2. Hidrodinamicamente, Vanga tem mais entrada de água doce do rio Umba, que nasce na Tanzânia. A geomorfologia da linha costeira é diferente da de Gazi, o que facilita a avaliação da variação do BGC no Quénia. Tanto Gazi como Vanga são representativos dos tipos de sistemas de mangais existentes no Quénia, mas era importante selecionar um segundo local que proporcionasse alguma variação em termos de hidrologia e geomorfologia para avaliar se existiam diferenças de BGC não explicadas através de espécies ou DFC. Embora fosse desejável um segundo local de mangais no Norte, questões políticas tornaram inseguro entrar nesta região.

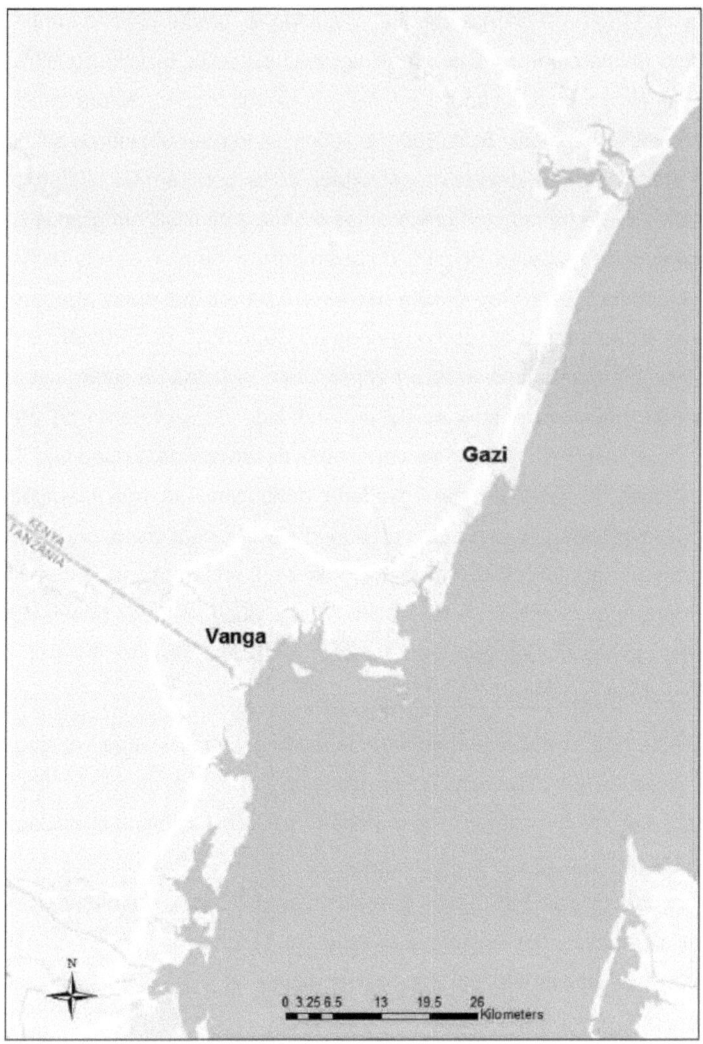



Figura 23: Mapa dos locais de amostragem de mangais no Quénia; Gazi (5,92 km$^2$ ) e Vanga (23,51 km$^2$ ).

### 3.2.2. Conceção da amostragem

A amostragem foi selecionada de modo a abranger a gama de composição de espécies e a distância da costa (amostragem aleatória estratificada), mantendo os mesmos grupos de espécies e a dimensão das parcelas do Capítulo 2. Em cada parcela, foram colhidos dois núcleos de sedimentos no interior da parcela, evitando o bordo para garantir uma representação exacta da parcela, uma vez que algumas parcelas faziam fronteira com diferentes grupos de espécies. Utilizando um cilindro de 35 cm$^3$ , foram recolhidas subamostras a intervalos específicos: 5cm, 50cm e 100cm. A lógica subjacente baseou-se na ausência de um efeito de profundidade na densidade de carbono em Gazi (Capítulo 2). Uma vez que o objetivo deste trabalho se centrou nas reservas de BGC em grande escala e não na variação de escala fina dentro do perfil do sedimento, o tempo e os recursos foram mais bem gastos na recolha de mais réplicas de parcelas, uma vez que a amostragem para além de 1m consome muito tempo. Tal como referido no Capítulo 2, os sedimentos foram removidos entre intervalos e as raízes vivas e pedras foram evitadas na subamostragem. Foram efectuadas três medições aleatórias da profundidade do sedimento na parcela, utilizando uma vara de aço de 3m. Utilizando a equação 6, desenvolvida no Capítulo 2, para converter a profundidade da vara em profundidade do núcleo, as três medições de profundidade foram convertidas e foi calculada uma média. Para além disso, para cada um dos cinco grupos de espécies, foi retirado um núcleo de 3m e subamostrado às seguintes profundidades, sempre que possível: 5cm, 10cm, 20cm, 30cm, 40cm, 50cm, 100cm, 150cm, 200cm, 250cm e 300cm. O objetivo era verificar a hipótese de não haver efeito da profundidade na densidade do carbono.

Devido à chuva intensa, não foi possível medir a inundação das marés, uma vez que o giz foi arrastado das árvores. Foram criadas novas parcelas de 10m x 10m devido à dificuldade em encontrar as parcelas estabelecidas; a densa copa das árvores limitou a utilização do GPS para a relocalização. Do total de 29 parcelas amostradas (dois núcleos em cada parcela), 17 eram novas parcelas. Nas novas parcelas, para calcular a biomassa acima do solo, foram medidos o perímetro das árvores e as espécies de todas as árvores da parcela. O perímetro da árvore foi convertido em diâmetro à altura do peito (DAP) utilizando a seguinte equação:

$$DBH = C \div \pi \tag{8}$$

Em que C e π representam a circunferência da árvore e pi, respetivamente.

Para calcular a AGB em C t ha$^{-1}$ , foi utilizada a seguinte equação:

$$DW(\ln) = -2.29711 + ((\ln)DBH \times 2.54528) \hspace{4cm} [9]$$

Após a derivação do peso seco, este foi convertido em teor de carbono através da multiplicação por 0,47 (Donato *et al.* 2011; Kaufmann & Cole 2010). Este valor foi então convertido de C kg/100m$^2$ para C t ha$^{-1}$ .

### 3.2.3. Preparação da amostra e LOI

Ver os métodos do Capítulo 2 para a preparação da amostra, secagem e procedimento LOI para obter a OM.

### 3.2.4. Quantificação do carbono

Utilizando a equação 7 do capítulo 2 (obtida a partir da análise CN), a OM foi convertida em concentração de carbono. Ver os métodos do Capítulo 2 para os cálculos da densidade de carbono. Como Vanga só tinha uma amostra de sedimento >1m por grupo de espécies, assumiu-se que a ausência de um efeito de profundidade sobre o DC encontrado em Gazi também seria consistente em Vanga. Por conseguinte, o BGC t ha$^{-1}$ para cada parcela foi calculado utilizando uma média de DC a 1m e à profundidade máxima amostrada no núcleo mais profundo. Ver capítulo 2 da metodologia para mais pormenores sobre o cálculo do BGC t ha$^{-1}$ .

### 3.2.5. Análise estatística

Todas as análises foram efectuadas utilizando a versão 3.0.2 do R (R Core Team, 2013). Sempre que necessário para satisfazer os pressupostos de normalidade dos resíduos, os dados foram transformados $\log_{10}$. Um dos objectivos da análise era avaliar a extensão das diferenças entre locais nos padrões observados. Por conseguinte, os dados de Gazi e Vanga foram combinados e todos os resultados estatísticos neste capítulo referem-se a conjuntos de dados combinados, mantendo-se a diferenciação do local, salvo indicação em contrário. O efeito das espécies e do local na profundidade média dos sedimentos nas parcelas foi testado utilizando uma ANOVA de duas vias. A densidade de carbono foi analisada utilizando uma ANCOVA de modelo misto, com as espécies e o local como efeitos fixos, a profundidade do sedimento como covariável e o núcleo aninhado na parcela como efeito aleatório. Foi utilizada uma ANOVA de duas vias para testar o efeito das espécies e do local no BGC a 1 m e na profundidade média.

Os efeitos do contexto ambiental, neste caso a distância da costa e a AGB, na BGC foram analisados utilizando a análise ANCOVA com o local como efeito fixo para determinar se a relação entre a BGC e a distância da costa e a AGB variava entre locais.

# 3.3. Resultados

### 1.1.1. Profundidade do sedimento

O quadro 7 mostra o número de parcelas amostradas em Vanga para cada grupo de espécies.

Quadro 7: Número de parcelas amostradas para cada grupo de espécies em Vanga.

| Espécies | N.º de parcelas Amostragem | % de parcelas mais profundas mais de 2,97m |
|---|---|---|
| *Avicennia marina* | 8 | 0 |
| *Avicennia marina* Mistura | 4 | 50 |
| *Rhizophora mucronata* | 6 | 83 |
| *Rhizophora mucronata* Mistura | 5 | 20 |
| *Ceriops tagal* | 6 | 0 |

Tal como mencionado no Capítulo 2, a haste utilizada para medir a profundidade dos sedimentos foi de 2,97 m, no entanto, não foi suficientemente longa para atingir o leito rochoso em todas as parcelas. A Tabela 7 mostra a percentagem de parcelas em que o comprimento máximo da vara não foi suficiente para atingir o leito rochoso (isto não inclui as parcelas em que a vara de profundidade não pôde ser empurrada mais longe devido à fricção do sedimento).

Todas as parcelas com profundidades subestimadas foram registadas como 2,97 m para efeitos de cálculo da profundidade média dos sedimentos. Em Vanga, as parcelas *de Rhizophora mucronata* parecem ter as maiores profundidades de sedimentos, sendo as parcelas de *Avicennia marina* as mais superficiais (Figura 24). Embora isto tenha sido uma inversão do que foi encontrado em Gazi, não foi encontrado nenhum efeito do local na profundidade média dos sedimentos ($F$= 1,36, df=1,141, $p$=0,245). A categoria das espécies também não teve um efeito significativo na profundidade dos sedimentos ($F$= 0,90, df=4,141, $p$=0,466). As profundidades médias dos sedimentos para cada categoria de espécie foram calculadas utilizando as profundidades máximas medidas; assim, os valores apresentados na Figura 24 são subestimados em *Rhizophora mucronata*, *Rhizophora mucronata* Mix e *Avicennia marina* Mix (Tabela 7).

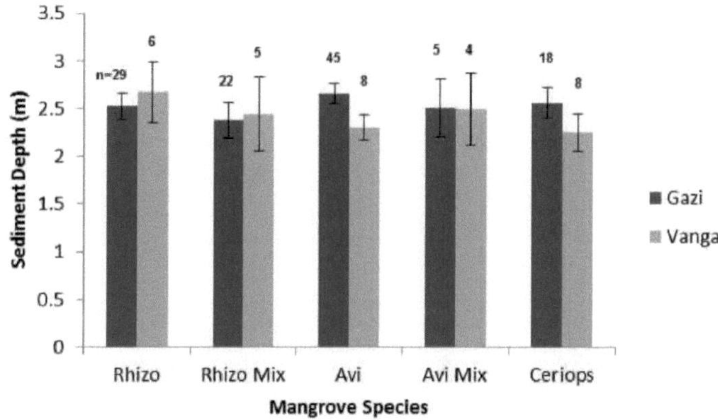

Figura 24: Profundidade média do sedimento (média ± 95% CI) para cada grupo de espécies de mangue em Gazi (n=120) e Vanga (n=29).

## 1.1.2. Efeitos do local nas relações entre densidade de carbono, espécies e profundidade

Uma análise ANCOVA com espécies e local como factores categóricos e profundidade como covariável revelou uma interação significativa limítrofe para a densidade de carbono entre espécies e local ($F=2,52$, df=4,63, $p=0,0498$; Figura 24). A profundidade como covariável não teve efeito na densidade de carbono ($F=0,38$, df=1,263, $p=0,3427$), pelo que a quantificação das reservas de BGC se baseou num valor médio calculado em todas as profundidades. A interação limítrofe local/espécie foi mais do que provavelmente impulsionada por *Avicennia marina* Mix e possivelmente *Rhizophora mucronata*, que mostrou a diferença mais forte entre locais (Figura 25). A análise dos efeitos principais não revelou qualquer efeito da espécie na densidade de carbono ($F=5,39$, df=4,63, $p=0,1304$); no entanto, como o BGC seria derivado dos valores da densidade de carbono para análise subsequente, nesta fase considerou-se melhor manter a distinção das espécies.

Em Gazi, *Rhizophora mucronata* e *Avicennia marina* Mix apresentaram o maior e o menor DC médio com valores de $0,064g/cm^3$ e $0,031g/cm^3$ respetivamente (teste post-hoc de Tukey, $p=0,009$). *Rhizophora mucronata* também teve um DC significativamente mais elevado em comparação com *Ceriops tagal* ($p<0,001$). Na Vanga, a *Avicennia marina* Mix (seguida de perto pela *Rhizophora mucronata*; $0,051$ $g/cm^3$ ) e a *Ceriops tagal* apresentaram o maior e o menor valor médio de DC, com valores de $0,052g/cm^3$ e $0,0405g/cm^3$ respetivamente, mas este valor não foi considerado significativo.

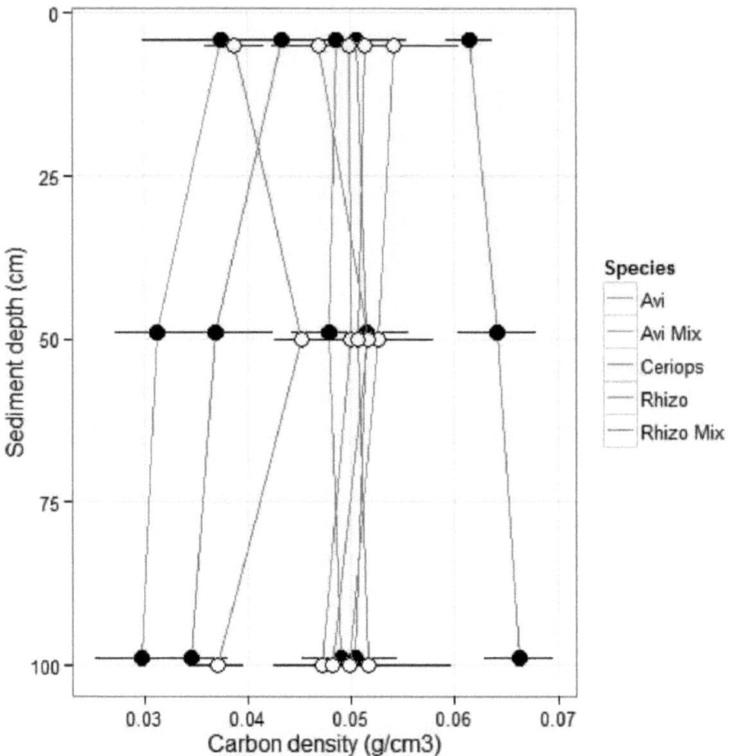


Figura 25: Perfil de profundidade da densidade de carbono a 1m em Gazi (Preto) e Vanga (Branco) para cada grupo de espécies (média ± 95% CI).

### 1.1.3. Efeitos do local na relação entre as lojas BGC e as espécies

A ANOVA sobre o BGC1m revelou que não houve interação entre as espécies e o local ($F=2,38$, df=4,59, $p=0,0623$; Figura 26), pelo que foram investigados os efeitos principais. Não foi evidente qualquer efeito do local ($F=1,88$, df=1,59, $p=0,1753$), mas as espécies tiveram um efeito significativo no BGC1m ($F=3,92$, df=4,59, $p=0,0068$). Em Vanga, as parcelas de *Avicennia marina* Mix e *Ceriops tagal* tiveram o BGC1m médio mais alto e mais baixo; 546 t C ha$^{-1}$ e 433 t C ha$^{-1}$ respetivamente. *A Rhizophora mucronata* foi a segunda mais elevada do que a Avicennia marina Mix, com uma média de 528 t C ha$^{-1}$, o que reflecte as diferenças de espécies encontradas em Gazi, onde *a Rhizophora mucronata* teve o BGC1m médio mais elevado (637 t C ha$^{-1}$). No entanto, *a Avicennia marina* Mix registou o BGC1m mais baixo em Gazi, com uma média de 307 t C ha$^{-1}$.

Uma comparação post-hoc do teste Tukey de espécies com dados combinados (uma vez que não houve efeito de local) revelou que o BGC de *Rhizophora mucronata* a 1m foi significativamente maior do que o de *Avicennia marina* Mix e *Ceriops tagal* (média de 583 t C ha⁻¹ ; 427 t C ha⁻¹ , *p*= 0,0017 e 396 t C ha⁻¹ , *p=0,0014* respetivamente).

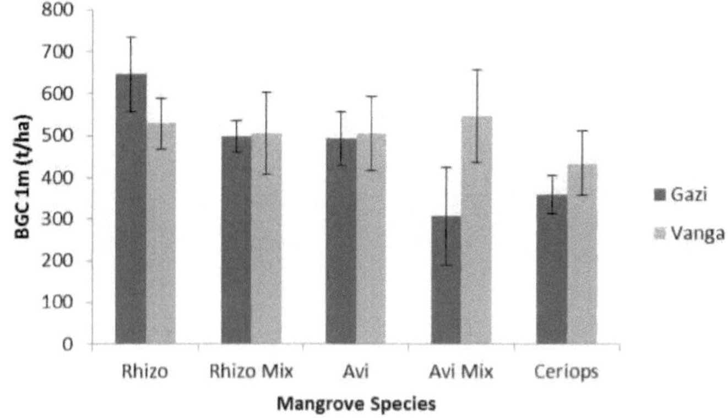


Figura 26: Carbono subterrâneo (t/ha) a 1m de profundidade do sedimento para cada grupo de espécies em Gazi e Vanga (média ± 95% CI).

Não houve interação significativa ou diferenças de local no BGCmd (análise realizada utilizando dados transformados log10; Interação *F=1,53*, df=4,59, *p=0,2063*; local *F=0,59*, df=1,59, *p=0,4448*). As espécies tiveram um efeito significativo no BGCmd (*F=3,32*, df=4,59, *p=0,0162*, ver Figura 27). Tanto em Gazi como em Vanga, *Rhizophora mucronata* teve o BGCmd médio mais elevado; 1597 t C ha⁻¹ e 1374 t C ha⁻¹ respetivamente. O BGCmd mais baixo em Vanga foi o de *Ceriops tagal* (média de 993 t C ha⁻¹ ), enquanto em Gazi, Ceriops foi o segundo mais baixo (média de 1032 t C ha⁻¹ ) e *Avicennia marina* Mix foi o mais baixo, com uma média de 770 t C ha⁻¹ .

Os resultados Post-hoc Tukey para os dados de Vanga e Gazi combinados revelaram que *Rhizophora mucronata* teve o maior BGC médio com 1485 t C ha⁻¹ que foi significativamente maior do que *Avicennia marina* Mix (média de 1058 t C ha⁻¹ , *p=0,0102*). *Avicennia marina* teve o segundo maior BGC com uma média de 1363 t C ha⁻¹ que foi significativamente maior do que *Avicennia marina* Mix (média de 1058 t C ha⁻¹ , *p=0,0453*). *Ceriops tagal* teve o BGC mais baixo em relação à profundidade média, com uma média de 1013 t C ha⁻¹ .

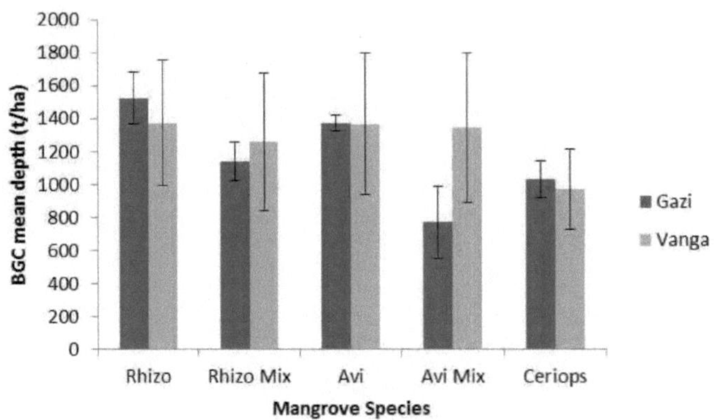


Figura 27: Carbono subterrâneo (t/ha) para a profundidade média do sedimento para cada grupo de espécies em Gazi e Vanga (média ± 95% CI).

### 1.1.4. Efeitos do sítio no contexto ambiental

A ANCOVA revelou uma interação significativa entre a distância da costa e o local ($F=10$,1, df=1,65, $p=0$,0023) para o BGC1m (Figura 28). Para o BGCmd, também se verificou uma interação entre a distância da costa e o local ($F=6$,12, df=1,65, $p=0$,0160). As relações entre a distância da costa e a BGC, tanto para profundidades de 1m como para profundidades médias, são mais fortes em Gazi do que em Vanga (BGC1m=49% e 5%, respetivamente; BGCmd=44% e 0%, respetivamente). Embora o DFC pareça ser um preditor potencialmente importante do BGC, quando foi realizada uma análise adicional incluindo o fator do grupo de espécies, o exame dos factores de inflação da variância mostrou que os preditores das espécies e do DFC estavam fortemente confundidos (VIF=684,19). O efeito observado de DFC está altamente correlacionado com diferenças na composição de espécies de mangue.

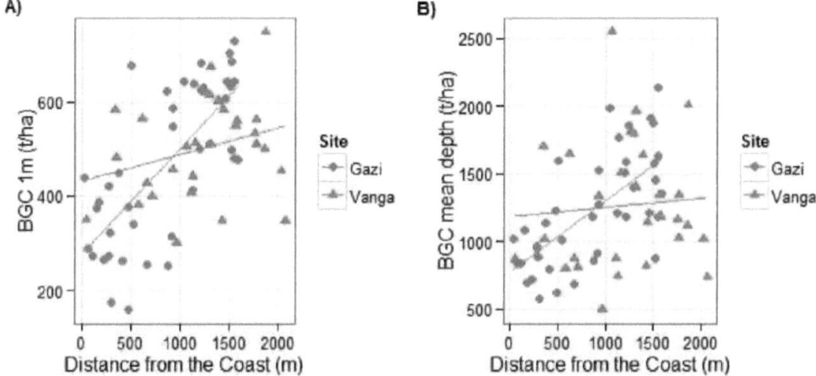


Figura 28: A relação entre a distância da costa (m) e A) carbono subterrâneo a 1m e B) carbono subterrâneo à profundidade média (t/ha) em Gazi (círculos vermelhos; n=40) e Vanga (triângulos azuis; n=29).

Não foi evidente qualquer efeito do local na relação entre AGB e BGC1m ou BGCmd ($F=3,59$, df=1,65, $p=0,0625$ e $F=1,25$, df=1,65, $p=0,0268$, respetivamente). O AGB teve um efeito positivo significativo e fraco sobre o BGC1m e o BGCmd (R ajustado$^2$ =0,8%, $F=12,2$, df=1,65, $p=0,0009$ e R ajustado$^2$ =4%, $F=5,97$, df=1,65, $p=0,0173$ respetivamente, Figura 29).

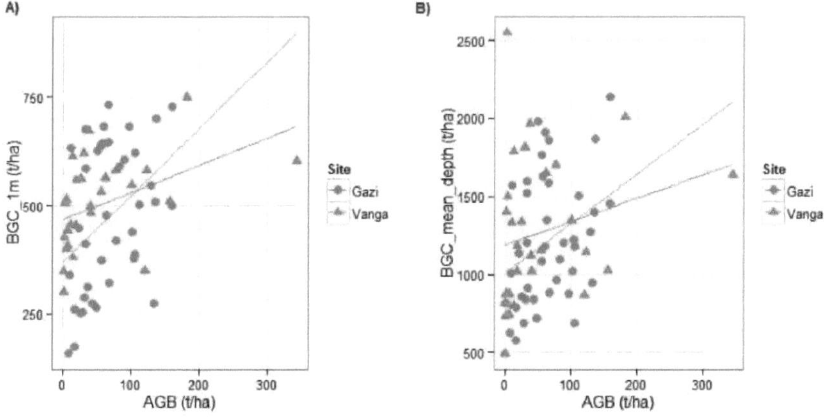


Figura 29: A relação entre a biomassa acima do solo (t/ha) e A) carbono abaixo do solo a 1m e B) carbono abaixo do solo à profundidade média (t/ha) em Gazi (círculos vermelhos; n=40) e Vanga (triângulos azuis; n=29).

## 1.1.5. Modelo Preditivo

A comparação dos resultados obtidos de análises semelhantes em dois locais diferentes permitiu o refinamento das variáveis a incluir no modelo preditivo desenvolvido para aplicação em todo o Quénia.

Profundidade do sedimento: Não foi evidente qualquer efeito forte das espécies na profundidade dos sedimentos. No entanto, devido à conhecida subestimação da profundidade dos sedimentos em diferentes extensões em parcelas de espécies diferentes (Tabela 4 e 7), foi tomada a decisão de manter os grupos de espécies separados para uso subsequente na derivação de lojas BGC.

Diferenças entre espécies nas reservas de BGC: Verificou-se um efeito consistente das espécies no BGC; os grupos de espécies mostraram uma variação muito semelhante em ambos os locais, com exceção da *Avicennia marina* Mix, pelo que este fator foi mantido no modelo. Como o carbono não diminuiu com a profundidade do sedimento, o BGC para a profundidade média do sedimento foi usado no modelo em vez do BGC para 1m. Isto melhorará as estimativas actuais e fornecerá valores de armazenamento de carbono mais precisos para projectos de gestão florestal.

DFC: Devido a uma interação entre locais, o DFC não pôde ser retido no modelo. Isto pode ser potencialmente confundido pelas espécies, o que se reflecte no valor elevado da inflação da variância.

AGB: Embora não tenha havido nenhum efeito de local na relação entre AGB e BGC, devido ao facto de a força da relação ser muito baixa, não foi considerado um indicador importante de BGC. É também difícil de obter em grandes áreas e em locais remotos (os métodos de deteção remota, como o LIDAR, produzem resultados muito imprecisos). Por conseguinte, a utilidade do AGB como indicador para a modelização em grande escala no Quénia é atualmente reduzida e foi excluído do modelo final.

Com apenas as diferenças de espécies nos níveis de BGC retidos como um preditor, o modelo final para prever o BGC em toda a costa do Quénia foi derivado como uma série de equações que dão o BGC médio (t ha$^{-1}$ ) para a profundidade média para cada grupo de espécies. Nos casos em que a cobertura de espécies de mangais era desconhecida, pode ser utilizada uma BGC média calculada para todos os grupos de espécies:

$$\text{Avicennia } BGCmd = A \times 1363 \pm 208 \qquad [10]$$

$$\text{Avicennia Mix } BGCmd = A \times 1058 \pm 307 \qquad [11]$$

$$\text{Rhizophora } BGCmd = A \times 1485 \pm 216 \qquad [12]$$

$$\text{Rhizophora Mix } BGCmd = A \times 1201 \pm 186 \qquad [13]$$

$$\text{Ceriops } BGCmd = A \times 1012 \pm 164 \qquad [14]$$

$$\text{Mangue } BGCmd = A \times 1220 \pm 103 \qquad [15]$$

Onde BGCmd e A representam o carbono abaixo do solo em relação à profundidade média e à área do mangue, respetivamente.

## 3.4. Discussão

Muito poucos estudos exploraram a variabilidade do BGC em diferentes locais de mangue. Com diferentes tipos de sedimentos, hidrologia e configurações geomorfológicas, a dinâmica do carbono poderia potencialmente variar entre os sítios (Jardine & Siikamaki 2014; Saintilan *et al.* 2013; Yang *et al.* 2013; Coronado-Molina *et al.* 2012; Donato *et al.* 2011; Adame *et al.* 2010), tornando impossível derivar um modelo preditivo específico do país. A avaliação da representatividade de Gazi em relação a outro local no Quénia permitiu investigar quaisquer diferenças entre locais no BGC e se a influência do contexto ambiental varia entre locais, com o objetivo de produzir o primeiro modelo preditivo para mangais no Quénia.

### 3.4.1. Profundidade do sedimento

A profundidade dos sedimentos foi considerada comparável entre Gazi e Vanga, com uma profundidade média de 2,5 m. A maioria das estimativas de BGC assume uma profundidade de apenas 1m, o que demonstra que os números actuais são subestimados. A tentativa de um modelo preditivo global de BGC por Jardine & Siikamaki (2014) também assumiu uma profundidade global de sedimentos de apenas 1m, sugerindo que o seu trabalho pode subestimar significativamente as reservas globais; enquanto o trabalho aqui apresentado mostra uma profundidade média de 2,5m, estudos nas Caraíbas mostraram profundidades de até 8m (McKee *et al.* 2007). As Tabelas 4 e 7 demonstram que a profundidade média dos sedimentos de 2,5 m calculada aqui é uma subestimação, uma vez que nem sempre foi atingido o leito rochoso.

Isto está de acordo com Tue *et al.* (2014) que relataram profundidades de sedimentos de mangue de >4m no Vietname. Parece que esta subestimação é menor em Vanga (Tabela 7), uma vez que a profundidade do sedimento só foi subestimada em *Rhizophora*, *Rhizophora* Mix e *Avicennia* Mix (83%, 20% e 50%, respetivamente), enquanto em Gazi, a profundidade do sedimento foi subestimada em certa medida em todos os grupos de espécies (Tabela 4). O maior contraste registou-se em *Avicennia*, *Ceriops* e *Rhizophora*, com diferenças percentuais de subestimação de 85%, 75% e 50%, respetivamente. As diferenças hidrológicas e geomorfológicas entre os dois locais podem ter conduzido a diferenças na composição dos sedimentos para cada grupo de espécies. Por exemplo, a maior entrada de água doce do rio Umba em Vanga pode ter tornado o sedimento *de*

*Rhizophora* mais húmido e mais fácil para a haste de profundidade atingir o comprimento máximo. A suposição de que estes dois locais são representativos dos mangais do Quénia é reforçada pelo facto de ter sido captada a variação na composição dos sedimentos. Tal como referido no Capítulo 2, as limitações do método de medição da profundidade sugerem que a profundidade de um maior número de parcelas pode estar subestimada, uma vez que a fricção do sedimento ou as raízes impediram frequentemente a penetração da haste completa (ver Capítulo 2 para mais pormenores). Embora não tenha sido encontrado nenhum efeito de espécie na profundidade do sedimento quando os dados de ambos os locais foram combinados, os grupos de espécies foram mantidos para análise (como foi feito no Capítulo 2), dado o potencial de subestimação da profundidade do sedimento em algumas parcelas, mascarando as diferenças de espécies. Os valores das reservas de carbono subterrâneo aqui apresentados são também subestimados, embora representem uma melhoria em relação às estimativas existentes.

### 3.4.2. Densidade do carbono

As alterações na densidade de carbono com a profundidade em Gazi foram negligenciáveis (Capítulo 2) e, por conseguinte, a amostragem foi efectuada apenas até 1m em Vanga para a maioria dos núcleos. Isto permitiu maximizar o número de amostras nos diferentes grupos de espécies. Dada a importância potencial das diferenças entre espécies, considerou-se mais importante concentrarmo-nos neste aspeto do que em obter informações adicionais sobre as alterações com a profundidade. Os núcleos de 3m que foram recolhidos em 4 parcelas (um por grupo de espécies) para examinar a hipótese de uma relação semelhante entre profundidade e densidade de carbono como em Gazi mostraram valores de densidade de carbono semelhantes aos de Gazi. Estas amostras foram recolhidas para verificar se os valores se encontravam no intervalo dos encontrados em Gazi e se, por conseguinte, era improvável que a recolha de amostras em profundidade fosse a melhor utilização dos recursos. Os resultados foram utilizados qualitativamente, mas os dados destes núcleos foram deixados de fora das análises formais devido à falta de replicação;.

Uma vez que a interação encontrada entre a espécie e o local para a densidade de carbono foi apenas ligeiramente significativa ($p=0{,}0498$), foram investigados os efeitos principais. Isto não revelou quaisquer efeitos do local ou da profundidade na densidade do carbono, mas mostrou uma diferença significativa entre os grupos de espécies, o que apoiou a manutenção dos grupos de espécies na análise BGC. Conforme discutido no Capítulo 2, é possível que uma diminuição na concentração de carbono e um aumento na densidade aparente com a profundidade cancelem qualquer efeito de profundidade na densidade de carbono (Tue *et al.* 2014 e 2012; Adame *et al.* 2013; Bianchi *et al.* 2013; Saintilan *et al.* 2013; Donato *et al.* 2011; Fujimoto *et al.* 1999). Alongi *et al.* (2000) também não registaram qualquer efeito da profundidade no carbono orgânico total (COT) nas parcelas *de Rhizophora*, mas nas parcelas de *Avicennia* verificou-se uma diminuição do COT com a profundidade. Este facto também apoia as conclusões de que existem diferenças entre espécies na densidade de carbono (Sakho *et al.* 2014; Liu *et al.* 2013; Wang *et al.* 2013; Huxham *et al.* 2010; Bouillon *et al.* 2003; Alongi *et al.* 2000; ver Capítulo 2 para mais pormenores). No entanto, a descoberta mais relevante para os objectivos da presente investigação é que não foi encontrado qualquer efeito de local; assim, com base na comparação destes dois locais, não há motivos para assumir que a densidade de carbono varia entre os locais de mangais do Quénia. Embora *Rhizophora* tenha tido a maior densidade de carbono em Gazi, enquanto em Vanga *Avicennia* Mix teve a maior, esta foi seguida de perto por *Rhizophora* (segunda maior). Com um tamanho de amostra de apenas 4 parcelas de *Avicennia* Mix em cada local de amostragem, é possível que isto não represente exatamente a gama de valores de densidade de carbono *de Avicennia* Mix. Em termos de derivação de um modelo preditivo para BGC, as diferenças de densidade de carbono em pequena escala não foram o principal foco de interesse.

### 3.4.3. Carbono abaixo do solo

As análises aqui apresentadas não mostram efeitos significativos do local na BGC. Isso contrasta com a pesquisa recente realizada por Jardine & Siikamaki (2014), que encontrou uma variação substancial dentro do país no BGC. Na Indonésia, verificou-se que os mangais ricos em carbono têm 1,5 vezes mais carbono por hectare do que os mangais pobres em carbono (Jardine & Siikamaki 2014). Indonésia

No entanto, o Quénia é constituído por muitas pequenas ilhas com geomorfologia e condições climáticas variáveis, o que poderá explicar a variação das reservas de carbono. O Quénia é mais pequeno e tem uma linha costeira muito mais consistente do ponto de vista geomorfológico. A variação dentro do país pode também dever-se a diferenças de espécies no armazenamento de BGC, que não foram tidas em conta na investigação de Jardine & Siikamaki (2014). Como se pode ver nas Figuras 26 e 27, as espécies de mangais influenciam de facto o armazenamento de BGC nos locais do presente estudo e, por conseguinte, precisam de ser incorporadas no modelo preditivo. Isso está de acordo com pesquisas anteriores em que as diferenças de espécies no carbono eram evidentes (Sakho *et al.* 2014; Liu *et al.* 2013; Wang *et al.* 2013; Huxham *et al.* 2010; Bouillon *et al.* 2003; Alongi *et al.* 2000). Em ambos os locais, *Rhizophora* tem as maiores reservas de carbono, o que é consistente com os resultados de Liu *et al.* (2013).

Para BGC a 1m e profundidade média, houve uma interação significativa entre DFC e local. Isto pode ser confundido por diferenças de espécies na BGC, como sugere o fator de inflação da variância. É possível que o DFC não tenha em conta com exatidão os efeitos de diferentes contextos geomorfológicos, como estuários, riachos ou massas de terra que protegem a linha costeira (como uma ilha ou península). Estes contextos registariam uma entrada alóctone diferente e, por conseguinte, uma variabilidade do BGC (Saintilan *et al.* 2013; Yang *et al.* 2013; Adame *et al.* 2010). Idealmente, haveria um tamanho de amostra suficientemente grande para testar o efeito da DFC na BGC dentro de cada grupo de espécies separadamente. De acordo com Tue *et al.* (2014), Wang *et al.* (2013) e Donato *et al.* (2011), o carbono abaixo do solo foi positivamente mas fracamente correlacionado com a biomassa acima do solo em ambos os locais. Ver Capítulo 2 para mais discussões sobre DFC e AGB.

### 3.4.4. Derivação do modelo de previsão

Na sequência do trabalho no Capítulo 2, as comparações com outro local permitiram avaliar o conjunto mais robusto de preditores a incluir no modelo de BGC que está a ser desenvolvido para aplicação na costa do Quénia.

De acordo com pesquisas anteriores, as espécies explicaram consistentemente a maior parte da variação não apenas nas reservas de BGC, mas também na profundidade do sedimento e, portanto, estão incluídas no modelo (Sakho *et al.* 2014; Liu *et al.* 2013; Wang *et al.* 2013; Huxham *et al.* 2010; Bouillon *et al.* 2003; Alongi *et al.* 2000).

Apesar da variedade de factores de previsão investigados, apenas dois locais foram amostrados e comparados devido aos recursos limitados e aos perigos da violência e do terrorismo que atualmente impedem a amostragem nos locais do norte do Quénia. O modelo derivado baseia-se no pressuposto de que estes dois locais são representativos dos mangais do Quénia. É obviamente possível que haja uma variação geográfica no BGC que não é capturada nestes locais e que, portanto, não representam com precisão o carbono do mangue queniano (Jardine & Siikamaki 2014; Livesley & Andrusiak 2012; Twilley *et al.* 1992). No entanto, a consistência das espécies entre as florestas quenianas e o facto de todas as principais áreas de mangais do país serem baías abrigadas semelhantes com entrada fluvial (em vez de, por exemplo, consistirem em bacias de mangais ou ilhas de sobre-lavagem) contribuem para a probabilidade de os resultados aqui apresentados serem representativos. Outra limitação do modelo é o facto de subestimar as reservas de carbono subterrâneas devido ao desconhecimento da verdadeira profundidade dos sedimentos (Tabela 4 e 7).

Os resultados actuais sugerem que a variação dentro do país pode ser limitada a grandes países com costas geomorfológicas heterogéneas. Com linhas costeiras geomorfológicas mais homogéneas, os países mais pequenos, como o Quénia, podem beneficiar de um modelo preditivo geral que forneça mapas de carbono das florestas de mangais, tão necessários e económicos.

## 3.5. Conclusão

Estes resultados apoiam as conclusões do Capítulo 2 de que a densidade do carbono não muda com a profundidade e que a maioria dos valores actuais da BGC são subestimados devido à profundidade dos sedimentos encontrados sob as florestas de mangue. Os resultados também sugerem que as espécies de mangue são o indicador mais fiável para estimar o BGC em todo o Quénia. O modelo preditivo derivado utiliza proxies acima do solo, permitindo um mapeamento eficiente e económico do carbono dos mangais, facilitando as avaliações do carbono florestal para fins de gestão, incluindo possíveis projectos REDD+ e de mitigação do clima.

# CAPÍTULO 4: MAPEAMENTO DO CARBONO SUBTERRÂNEO DOS MANGAIS EM TODO O QUÉNIA

## Resumo


Um dos principais desafios na avaliação dos benefícios de carbono da conservação dos manguezais é a falta de estimativas rigorosas e espacialmente resolvidas dos estoques de carbono dos sedimentos dos manguezais. Embora os modelos e mapas globais sejam úteis para informar uma compreensão geral da importância dos manguezais, avaliações em nível de países, regiões e locais são necessárias para resultados práticos de manejo, como a identificação de prováveis locais de REDD+. A aplicação do modelo preditivo baseado em espécies desenvolvido no Capítulo 3 a um mapa de base da distribuição de espécies no Quénia com uma resolução de 2,5 $m^2$ produziu uma estimativa de 69,41 Mt C para BGC nos mangais quenianos. As estimativas do intervalo de confiança (IC) inferior e superior de 95% para o BGC total foram de 60,26 Mt C e 78,58 Mt C, respetivamente. Esta estimativa foi semelhante à produzida utilizando um modelo mais simples que se baseou num valor médio de BGC em todas as espécies de mangais: IC inferior: 62,64 Mt C, Média: 68,39 Mt C, IC superior: 74,15 Mt C. A comparação das estimativas de BGC entre 1992 e 2010 revelou uma perda de 6,24 Mt C no Quénia devido à perda de floresta de mangue. O mapa dos mangais a nível nacional constitui uma ferramenta valiosa para avaliar as reservas de carbono e visualizar a distribuição da BGC. As estimativas nos mapas de resolução de 2,5 $m^2$ fornecem detalhes suficientes para destacar e priorizar áreas para conservação e restauração de manguezais.


## 4.1 Introdução

O mapeamento da distribuição espacial do carbono do solo é de grande interesse, como exemplificado pelo número crescente de publicações sobre o mapeamento das reservas de carbono do solo a nível mundial e nacional (Grunwald 2009). Os esforços para cartografar a distribuição e a composição das espécies das florestas de mangais baseiam-se geralmente em técnicas de teledeteção devido à grande extensão geográfica das florestas e à dificuldade de acesso. Os mangais no Quénia cobrem atualmente uma área de 45.590ha e são geridos pelo Serviço Florestal do Quénia (Kirui *et al.* 2013; Giri *et al.* 2010; Neukermans *et al.* 2008). Kirui *et al.* (2013) estimaram a extensão dos mangais em quatro pontos no tempo (1985, 1992, 2000 e 2010) utilizando imagens de satélite Landsat e registaram uma perda de mangais de 18% entre 1985 e 2010. Estas alterações são susceptíveis de influenciar as reservas totais de carbono acima e abaixo do solo associadas às florestas de mangais, mas sem estimativas precisas do carbono abaixo do solo, é difícil quantificar o seu impacto.

Novas abordagens de deteção remota (radar, Lidar, etc.) têm sido bem sucedidas no fornecimento de estimativas de alta resolução da biomassa florestal para pequenas áreas (Saatchi *et al.* 2011; Asner *et al.* 2010; Drake *et al.* 2002). No entanto, estas só fornecem estimativas da biomassa acima do solo e não do carbono abaixo do solo, onde a maior parte do carbono total é armazenada (IPCC 2013). Podem, portanto, dar uma representação errada de onde se encontram as florestas ricas em carbono, uma vez que a biomassa acima do solo demonstrou estar pouco correlacionada com o carbono abaixo do solo nos mangais, nas florestas do Quénia e noutros locais (Tue *et al.* 2014; Wang *et al.* 2013; e Donato *et al.* 2011; ver também os Capítulos 2 e 3). A estimativa e o mapeamento efectivos das reservas de carbono dos mangais, tanto para projectos locais como para avaliações à escala nacional/global, dependerão de uma combinação de imagens de satélite (para distribuição e conjuntos de espécies) (Giri *et al.* 2010) e de amostras de inventário em terra da densidade e profundidade do carbono dos sedimentos (Saatchi *et al.* 2011; Asner *et al.* 2010; Saatchi *et al.* 2007). Um dos objectivos do desenvolvimento do modelo preditivo através do trabalho descrito nos Capítulos 2 e 3 é demonstrar esta abordagem utilizando dados regionais relevantes verificados no terreno como base para a modelação a nível nacional.

Foram feitas tentativas de modelação e mapeamento das reservas de BGC numa variedade de ecossistemas em todo o mundo: por exemplo, florestas/vegetação temperadas (Viscarra Rossel *et al.* 2014; Bui *et al.* 2009; Yu et al. 2007; Guo *et al.* 2006, após o trabalho inicial de Kern 1994; Tate *et al.* 2005; Wu *et al.* 2003; Arrouays *et al.* 1995; Milne & Brown 1997; Howard *et al.* 1995), florestas tropicais e subtropicais (Batjes 2008 e 2005; Bernoux *et al.* 2002) e mangais (Jardine e Siikamäki 2014; Hutchison *et al.* 2013; Siikamäki *et al.* 2012; Twilley *et al.* 1992). Twilley *et al.* (1992) produziram um modelo de variação espacial nas taxas de enterramento do BGC e AGB, usando uma relação linear simples entre as taxas de enterramento do BGC/AGB e a latitude. Este modelo foi incorporado na estimativa global de Siikamäki *et al.* (2012) de carbono de mangue; 6,5 Pg C ou uma média de 466,5 t C ha$^{-1}$ (AGB apenas foi 2,1 Pg C). A estimativa foi baseada em modelos de regressão para AGB, biomassa abaixo do solo e conversão de carbono de Donato *et al.* (2011), Bouillon *et al.* (2008) e Twilley *et al.* (1992), bem como a compilação e análise de 941 observações primárias de densidade de carbono do solo de mangue a partir da literatura disponível (Siikamäki *et al.* 2012). No entanto, este modelo explicou pouco da variação em AGB observada por Hutchison *et al.* (2013). O modelo baseado em latitude de Twilley *et al.* (1992) aplicado a um conjunto de dados combinados de 95 estudos de campo (Hutchison *et al.* 2013) explicou apenas 7,6% da variação mundial em AGB em manguezais. Re-parametrizar o modelo latitudinal usando o novo conjunto de dados produziu uma nova regressão linear com um ajuste melhorado: 13,9%. Um modelo de previsão da biomassa acima do solo dos mangais baseado no clima; temperatura e precipitação resultou num aumento de quatro vezes no poder explicativo em comparação com o modelo latitudinal de Twilley *et al.* (1992). Isto produziu o primeiro mapa global da AGB dos mangais; uma estimativa de 2,83 Pg de AGB global ou uma média de 184,8 t C ha$^{-1}$ .

A tentativa mais recente de prever o carbono abaixo do solo dos mangais a uma escala global foi feita por Jardine & Siikamäki (2014). Com base numa compilação de amostras de sedimentos de 61 estudos independentes e utilizando dados climatológicos e de localização como preditores, foram exploradas duas classes de modelação preditiva: modelos preditivos paramétricos (incluindo latitude, clima e indicadores regionais) e algoritmos de aprendizagem automática (modelo de árvore de decisão impulsionada e um modelo de árvore de decisão de saco). Dos quatro modelos preditivos paramétricos investigados, o modelo que controlava o clima, a latitude e a região de amostragem foi o mais eficaz ($R^2$ mais elevado e AIC (critério de informação de Akaike) mais baixo). Ambos os métodos de aprendizagem automática tiveram um desempenho superior ao modelo preditivo paramétrico; o modelo de árvore de decisão de saco teve o melhor desempenho e foi utilizado para construir um conjunto de dados globais de reservas de carbono estimadas. O BGC global dos mangais foi estimado em 5,00 ± 0,94 Pg C (assumindo uma profundidade de solo de 1m), no entanto, este valor foi altamente variável ao longo do espaço; o BGC em mangais ricos em carbono foi tanto quanto 2,6 vezes a quantidade encontrada em mangais pobres em carbono. Também se registou uma variação significativa dentro do país; por exemplo, os mangais da Indonésia apresentaram uma gama de valores para o carbono por hectare que variou mais de 1,5 vezes.

O trabalho em menor escala forneceu provas da gama de factores ambientais locais que podem influenciar o carbono dos mangais, tais como as espécies e a distância da costa (Donato *et al.* 2011; Kauffman *et al.* 2011; Huxham *et al.* 2010; Alongi *et al.* 2000; Fujimoto *et al.* 1999; Lacerda *et al.* 1995; McKee 1993; ver Capítulo 2 e 3). Como mencionado no Capítulo 3, o contexto geomorfológico de uma floresta de mangal influenciará potencialmente a importação de material alóctone e a produção e exportação de material autóctone, através da descarga do rio, da amplitude das marés, da potência das ondas e da turbidez (Saintilan *et al.* 2013; Yang *et al.* 2013; Adame *et al.* 2010) e, por conseguinte, o efeito destas variáveis pode variar em alguns países.

Para tomar decisões informadas sobre a gestão florestal, é essencial que as reservas de carbono sejam mapeadas não só no Quénia mas também a nível global. Enquanto os modelos e mapas globais são úteis para informar uma compreensão geral da importância dos manguezais, as avaliações ao nível dos países, regiões e locais são necessárias para resultados práticos de gestão, tais como a identificação de locais prováveis de REDD+. As variações espaciais nas reservas de carbono abaixo do solo que foram registadas no presente trabalho e noutros locais sugerem que modelos preditivos como o desenvolvido no Capítulo 3 só podem ser aplicados a domínios espaciais relevantes (neste caso, ao Quénia) (Jardine & Siikamaki 2014). Com base nas conclusões do Capítulo 3, o trabalho apresentado no presente capítulo teve os seguintes objectivos:

1.  Produzir um mapa das reservas de carbono abaixo do solo em todo o Quénia e uma estimativa do total de reservas de carbono abaixo do solo nos mangais.

2.  Avaliar o grau de incerteza decorrente de diferentes pressupostos nos métodos utilizados.

Este trabalho contribuiu para abordar as seguintes lacunas de conhecimento (GiK's) levantadas no Capítulo 1:

•   GiK6 - Mapas espaciais da distribuição do carbono nos mangais.

•   GiK7 - Reservas totais de carbono (acima e abaixo do solo) nos mangais à escala nacional e global

•   GiK8 - Efeito da perda ou modificação de florestas de mangue nas reservas de carbono

## 1.2. Métodos

### 1.2.1. Fonte de dados sobre a distribuição e composição dos mangais

Foram utilizados dois mapas de distribuição de mangais do Quénia para cartografar o carbono abaixo do solo; um mapa de composição de espécies de 1992 baseado em interpretações visuais de fotografias aéreas a preto e branco de média escala (Kirui *et al.* 2013) e um mapa de distribuição de mangais mais recente de 2010 baseado em dados SPOT de resolução de 2,5 m$^2$ (Rideout *et al.* 2013).

### 1.2.2. Modelos preditivos

O modelo inicial de previsão do BGC baseou-se nas diferenças entre espécies no BGC; ver os trabalhos nos capítulos 2 e 3; Equações 10-14.

Avicennia BGCmd = A×1363±208

Avicennia Mix BGCmd = A×1058 ± 307

Rhizophora BGCmd = A×1485±216

Mistura de Rhizophora BGCmd = A×1201 ± 186

Ceriops BGCmd = A×1012±164

Assim, este modelo utilizou valores de BGC específicos para cada espécie, tomados para as profundidades médias dos sedimentos registadas para cada espécie no local de amostragem (ver Capítulos 2 e 3).

Para se ter uma ideia da diferença que a contabilização das espécies faz na estimativa do BGC para o Quénia, o processo foi repetido para um modelo baseado na média do BGC e da profundidade dos sedimentos em todos os grupos de espécies no Quénia (Equação 15):

Mangue BGCmd = A×1220±103

A fim de dar uma indicação do erro associado a ambas as estimativas, o procedimento foi repetido utilizando os valores adequados do intervalo de confiança de 95% superior e inferior para o BGC da espécie e o BGC médio por unidade de área (ver capítulo 3 e valores do modelo de IC acima) para fornecer limites superiores e inferiores para a estimativa global do BGC.

### 1.2.3. Cálculos e mapeamento

As estimativas de BGC em todo o Quénia foram produzidas tanto para 1992 como para 2010, a fim de calcular a quantidade de carbono perdida durante este período. A estimativa de 1992 foi baseada nos dados originais de composição de espécies. Para a estimativa de BGC de 2010, a camada de composição de espécies de 1992 foi recortada para remover as áreas de mangue perdidas durante este período, e também algumas áreas de expansão contabilizadas. Com base na composição de espécies registada nas áreas do polígono original, foram atribuídos códigos de grupos de espécies a cada polígono para serem consistentes com os grupos de espécies nos capítulos 2 e 3. Para as áreas com uma composição mista de espécies, a primeira espécie registada foi considerada como dominante. Como as parcelas dominadas por

A *Xylocarpus granatum* e a *Sonneratia alba* não estavam presentes em Gazi e Vanga, pelo que não foi criado um grupo de espécies para estas espécies. Com base na literatura disponível (Muzuka & Shunula 2006), verificou-se que estas duas espécies têm valores de carbono mais semelhantes aos *da Avicennia marina* Mix, pelo que foram incluídas neste grupo. Nos casos em que as espécies eram desconhecidas, quer nos dados originais quer nas zonas de expansão, foi utilizada uma média de BGC e de profundidade do sedimento calculada para todos os grupos de espécies.

Esta camada recortada com o campo do código da espécie foi então convertida numa camada raster (resolução de célula de 2,5m$^2$ ) antes de ser reclassificada com os valores correspondentes apropriados de BGC (t ha$^{-1}$ ) escalados para a área das células raster. O BGC total em todos os mangais do Quénia foi então calculado através da soma de todos os valores na camada raster. Os cálculos e estimativas foram baseados em dados de resolução de 2,5m$^2$ mas, para maior clareza de apresentação quando se lida com um recurso tão grande e linear, foi produzido um mapa à escala de 1km$^2$ para mostrar o BGC para toda a costa do Quénia. Isto foi feito através da soma de todos os valores para células individuais dentro de uma área de 1km$^2$ .

## 1.3. Resultados

Utilizando o modelo preditivo, o BGC dos mangais no Quénia foi estimado em 69,41 Mt C (Figura 30). Os intervalos de confiança inferior e superior de 95% foram estimados em 60,26 Mt C e 78,58 Mt C, respetivamente. A Figura 30 mostra a distribuição do BGC ao longo da costa do Quénia com uma resolução espacial de 1 km$^2$ com base nos valores médios.

A utilização de um modelo BGC médio global de mangais (sem diferenciação de espécies) em todas as áreas de mangais revelou estimativas BGC semelhantes; Inferior: 62,64 Mt C, Média: 68,39 Mt C, Superior: 74,15 Mt C.

As áreas de elevada armazenagem de carbono abaixo do solo, mostradas a vermelho, encontram-se em todo o Quénia, especialmente no Norte (Figura 30). As áreas de baixo armazenamento de BGC (verde) parecem estar concentradas na região mais a sul do Quénia (Figura 30). A Figura 31 mostra a maior área de mangais do Quénia (Lamu) com uma resolução espacial de 30m$^2$ ; principalmente reservas de BGC médias a elevadas.

A aplicação do modelo preditivo baseado em espécies ao mapa de distribuição de mangais de 1992 produziu uma estimativa média de 75,65 Mt C, com estimativas de intervalo de confiança inferior e superior de 95% de 63,46 Mt C e 87,87 Mt C, respetivamente. A utilização do modelo de mangal médio global produziu estimativas de 67,9 Mt C, 74,13 Mt C e 80,38 Mt C para estimativas inferiores, médias e superiores. Utilizando o modelo de previsão baseado nas espécies, isto sugere uma perda potencial média de 6,24 Mt C (8,3%) entre 1992 e 2010 no Quénia (Figura 34).

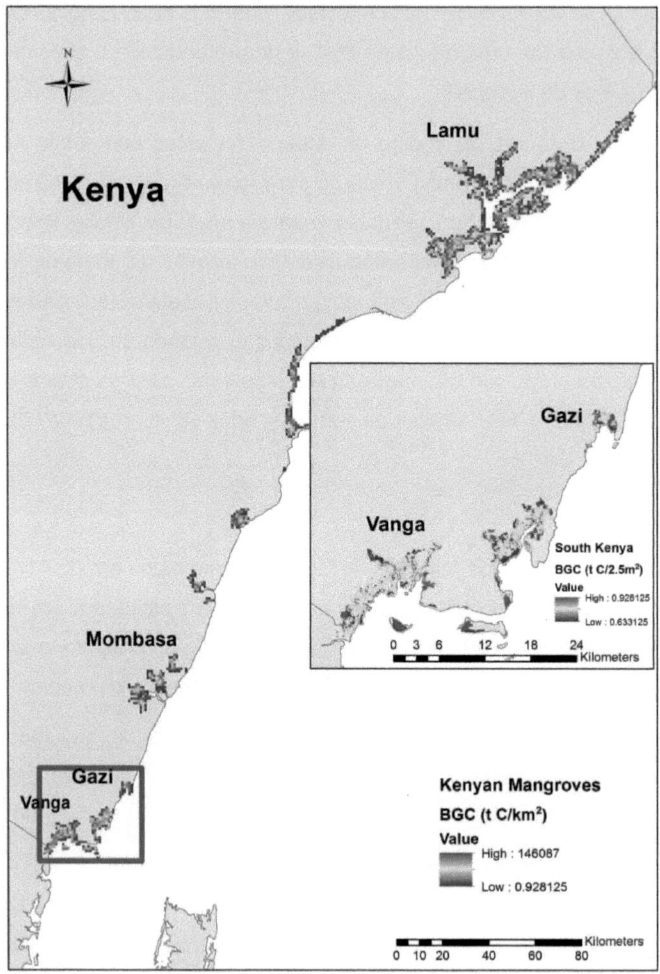


Figura 30: Mapeamento da variação espacial das reservas de BGC dos mangais no Quénia com uma resolução espacial de 1km2.

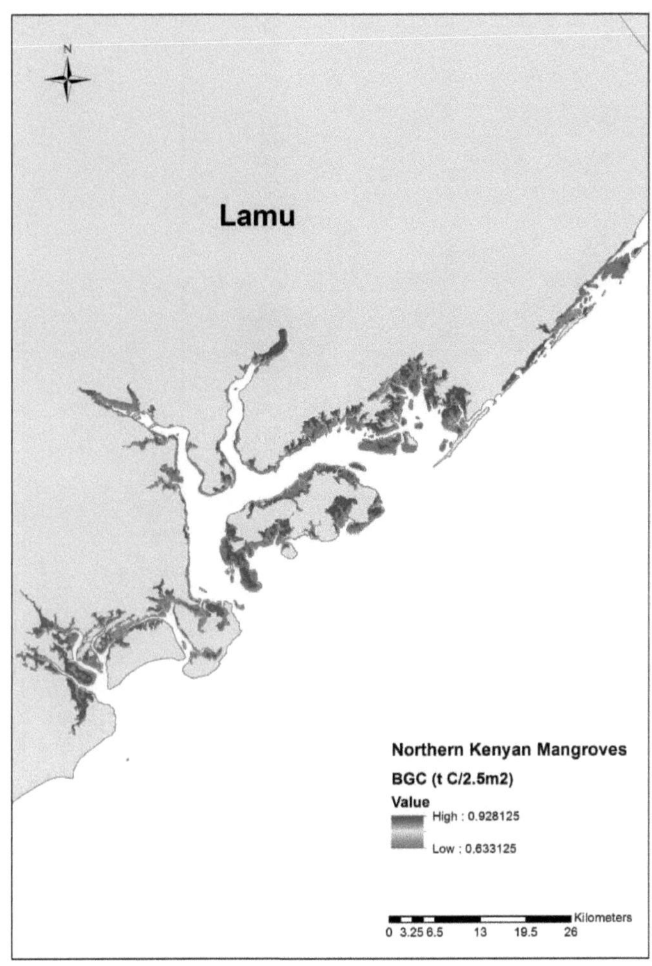


Figura 31: BGC de mangue com uma resolução espacial de 2,5m2 em Lamu, Quénia.

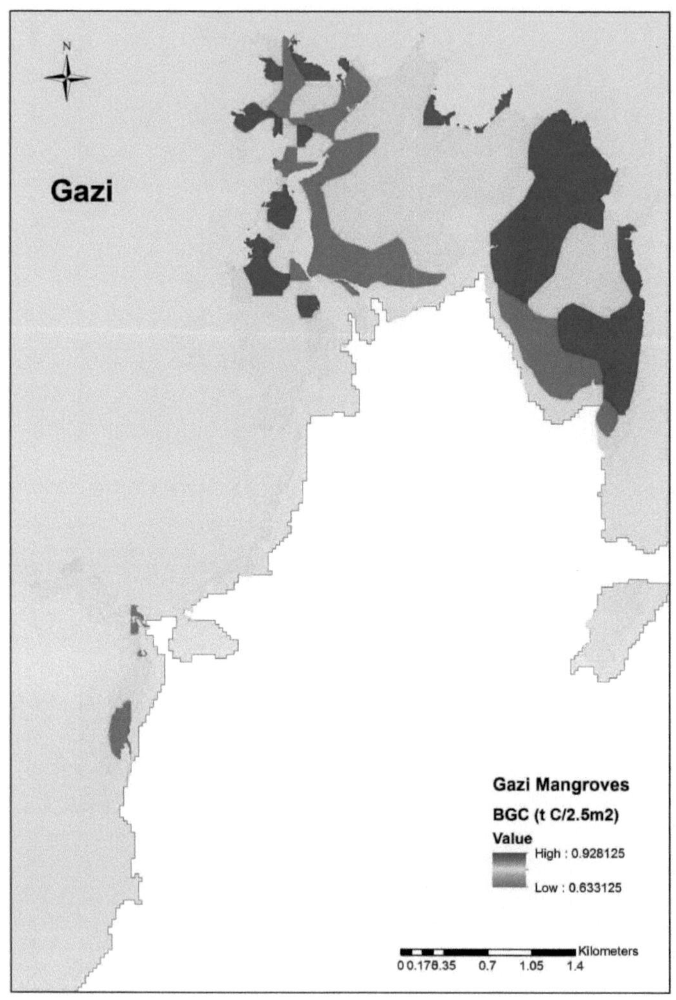



Figura 32: BGC de mangais com uma resolução espacial de 2,5m2 em Gazi, Quénia.

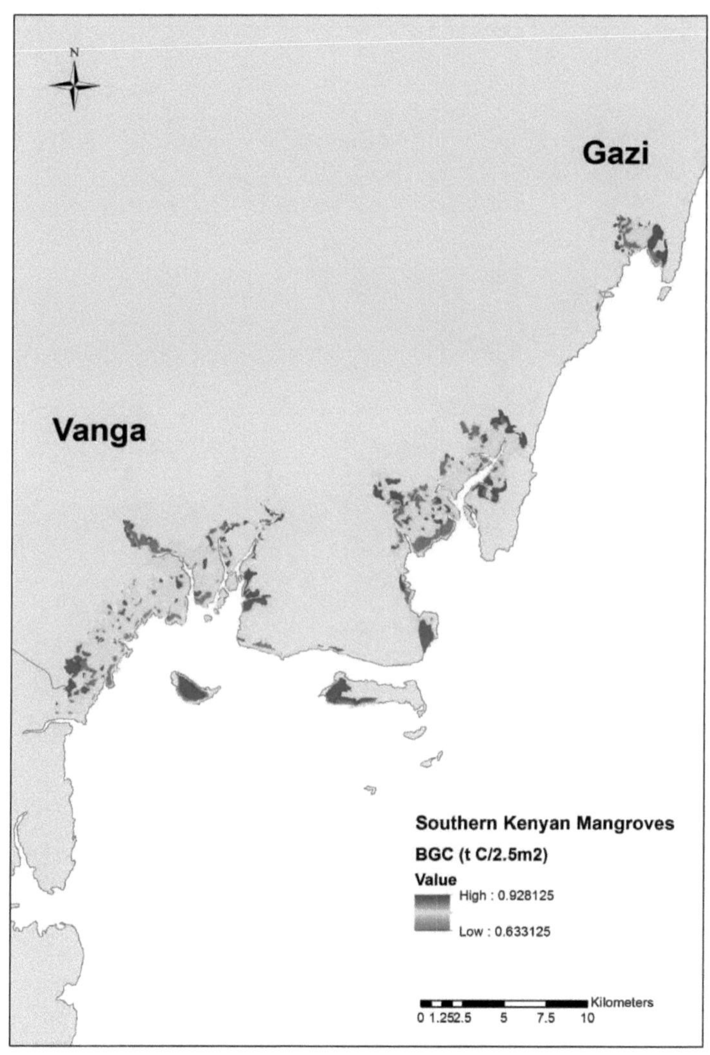


Figura 33: BGC dos mangais com uma resolução espacial de 2,5m2 no sul do Quénia.

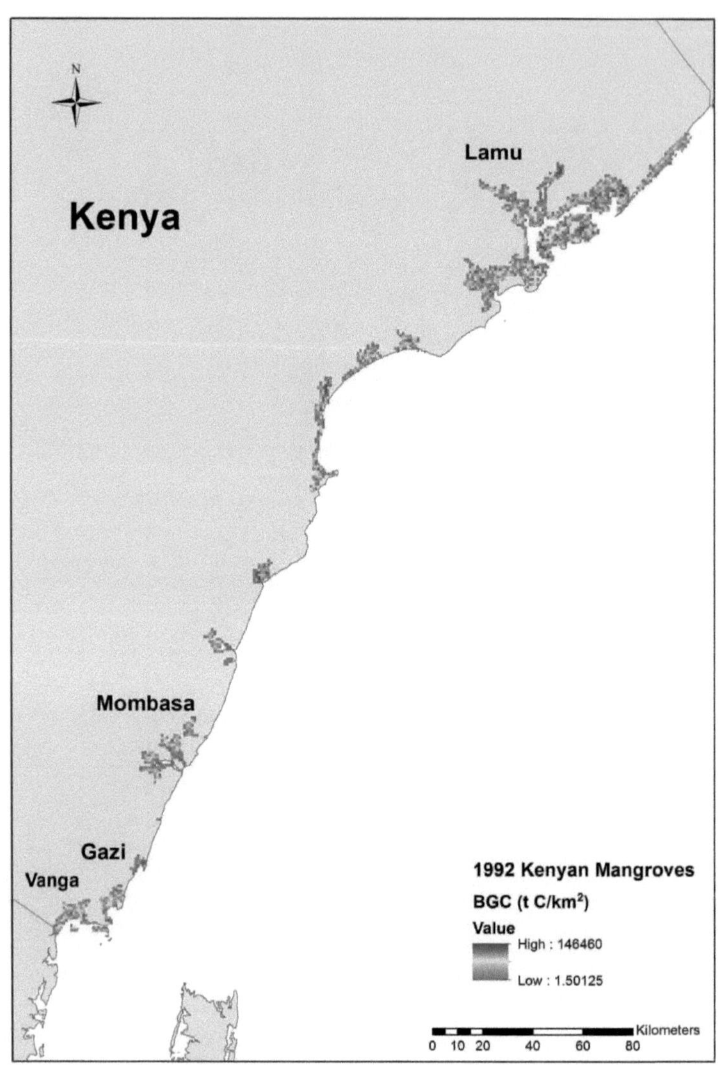


Figura 34: Mapeamento da variação espacial das reservas de BGC dos mangais no Quénia em 1992 com uma resolução espacial de 1km2.

## 1.4. Discussão

Até à data, nenhum outro estudo tentou mapear a BGC dos mangais ao nível do país utilizando um modelo preditivo específico do país. O mapa dos mangais a nível nacional constitui uma ferramenta valiosa para avaliar as reservas de carbono e visualizar a distribuição da BGC. Os mapas de escala fina, baseados em dados SPOT de 2,5m$^2$ fornecem o detalhe necessário para destacar e priorizar áreas para conservação e restauração de manguezais. Ambos os modelos (com e sem distinção de espécies) fornecem estimativas semelhantes de BGC, sugerindo que qualquer aumento de precisão obtido com a incorporação de diferenças de espécies é potencialmente anulado pela variabilidade entre e dentro do local na densidade de carbono. O modelo dependente das espécies teve intervalos de confiança maiores em comparação com o modelo médio do mangal; 9,2 Mt C e 5,8 Mt C, respetivamente, devido à incorporação da variabilidade entre cada grupo de espécies na variabilidade global, em vez da estimativa média única do BGC em que se baseia o modelo sem espécies. Os resultados sugerem que o BGC poderia ser subestimado em 1,02 Mt C ou até 4,43 Mt C se fosse utilizado o modelo médio dos mangais. No entanto, o BGC médio dos mangais de 1.224 t C ha$^{-1}$ é consistente com os valores encontrados noutros países; 1.171 t C ha$^{-1}$ a 2m por Fujimoto *et al.* (1999) na Micronésia e 1.023 t C ha$^{-1}$ a 2m por Donato *et al.* (2011) na região do Indo-Pacífico (tendo em conta que estas estimativas são a 2m, enquanto o BGC médio no trabalho aqui apresentado se baseia em diferentes profundidades médias de sedimentos para cada espécie; profundidade média de sedimentos de mangal de 2,5m).

As áreas de baixo BGC parecem estar mais concentradas no sul, com lojas de BGC médio a alto no norte. Foi demonstrado que o impacto humano altera a dominância da floresta de *Rhizophora* para *Ceriops* (Kairo *et al.* 2002). Isto sugere que as florestas de mangue no Norte foram menos afectadas e mantiveram as florestas dominantes de *Rhizophora*, ricas em carbono.

As estimativas da BGC são naturalmente influenciadas pela exatidão e resolução dos dados de composição e distribuição dos mangais que são utilizados. Como as informações sobre a composição das espécies do mapa de base eram dados de presença/ausência de espécies e não uma contagem de árvores de espécies, foi necessário fazer suposições para os grupos de espécies mistas. Assumir que a primeira espécie na lista de composição é a mais dominante parece ser um pressuposto justificado, mas desconhece-se até que ponto essa espécie é dominante; ver Capítulo 2 para os agrupamentos de espécies deste trabalho. A distribuição dos mangais pode ter mudado desde 2010, pelo que as reservas de BGC podem estar sub ou sobrestimadas. Embora a composição de espécies se baseie em dados de 1992, a amostragem de sedimentos em 2010 e 2012 confirmou essencialmente a composição de espécies de 1992; ou seja, a composição de espécies registada em 1992 é a que foi encontrada no terreno em 2010 e 2012. A Figura 30 revela regiões de BGC relativamente baixas em torno do perímetro das florestas de mangue. Isto está relacionado com o facto de haver uma menor extensão total de mangal dentro destas áreas. Para áreas onde as espécies eram desconhecidas (áreas de crescimento florestal desde 1992) e o BGC médio de mangue foi aplicado, as reservas de carbono podem ser superestimadas ou subestimadas dependendo da espécie de mangue presente.

Uma limitação deste trabalho é que implementa um modelo baseado na amostragem de apenas dois locais, ambos no sul do Quénia. A validação do modelo em Gress *et al.* (*não publicado*), utilizando dados de florestas perto de Mombaça (a norte dos locais de estudo), demonstrou que os valores eram representativos também para estes locais, dando confiança de que a extrapolação para o resto do país se justifica. Os trabalhos futuros devem considerar a recolha de amostras mais a norte do Quénia para confirmar as estimativas previstas e melhorar as estimativas actuais. Uma vez que as florestas do sul do Quénia têm sido mais exploradas, existe não só o potencial para uma mudança de espécies, mas também densidades de carbono mais baixas devido à degradação (Lang'at *et al.* 2014; Vargas *et al.* 2013; Johnson & Curtis 2001; ver Capítulo 5). Isto também significaria que os 6,24 Mt C perdidos através da desflorestação e degradação entre 1992 e 2010 podem ser uma subestimação. Curiosamente, a BGC perdida durante este período foi de 8,3%, o que é menos do que a perda espacial relatada de 12,1% (Kirui *et al.* 2013). Isto sugere que as áreas de floresta de mangue perdidas devido ao impacto humano são predominantemente nas bordas externas da floresta, onde as reservas de carbono são menores. As florestas no perímetro são mais do que provavelmente mais vulneráveis devido à facilidade de acesso através de estradas, etc. (Rideout *et al.* 2013). No entanto, com uma diferença de apenas 3,8%, a estimativa de perda espacial fornece uma boa indicação da perda potencial de BGC. O valor do armazenamento de BGC do mapa de 1992 fornece uma estimativa do potencial de armazenamento de carbono dos mangais no Quénia. O significado da perda de mangais desde 1992 no Quénia era até agora desconhecido, mas com estas estimativas da BGC, os danos em termos de reservas de carbono potencialmente perdidas são agora conhecidos e podem ser utilizados para futuros projectos de reflorestação e conservação. Os mapas BGC fornecem o nível de detalhe necessário para que os projectos REDD+ tomem decisões sobre quais as áreas/espécies que requerem maior proteção com base na quantidade de carbono aí armazenado e onde poderiam ser plantados novos mangais. O reflorestamento é importante, mas como leva muito tempo para que esses estoques de carbono se acumulem, o REDD+ deve priorizar a proteção das florestas com altos estoques de BGC para evitar que anos de carbono armazenado sejam perdidos. Com um mapa de estimativas de BGC em todo o país, os projetos de REDD+ podem usá-lo para estimativas iniciais do valor monetário da BGC em determinados locais. Embora o desenvolvimento de um projeto completo normalmente exija dados específicos do local, este nível de detalhe dentro do país ainda é incomum para projectos de pequena escala que muitas vezes dependem de estimativas gerais da literatura durante as suas fases de definição do âmbito (Locatelli et al., 2014).

## 1.5. Conclusão

O trabalho aqui realizado forneceu um mapa de distribuição de BGC de base para toda a costa do Quénia. A implementação de um modelo preditivo específico do país forneceu o nível de pormenor necessário para resultados práticos de gestão, tais como a identificação de locais prováveis de REDD+. A quantificação da alteração do BGC ao longo do tempo proporcionou uma visão valiosa da quantidade de carbono perdido através do impacto humano a nível nacional, sublinhando a necessidade de conservação dos mangais. O trabalho futuro deve considerar a amostragem no norte do Quénia para confirmar as estimativas previstas e melhorar o modelo atual.

# CAPÍTULO 5: DETECÇÃO DOS IMPACTOS DA DEGRADAÇÃO FLORESTAL NO CARBONO SUBTERRÂNEO DOS MANGAIS: UMA EXPLORAÇÃO DE ABORDAGENS EXPERIMENTAIS E DE LEVANTAMENTO DE CAMPO

## Resumo


O corte e a limpeza da floresta de mangais, para fins de aquacultura, turismo, agricultura e desenvolvimento costeiro, provocam a perda de ~0,7% da área global de mangais todos os anos e resultam em perdas substanciais de reservas de carbono abaixo do solo (BGC). A maior parte dos trabalhos centrou-se nos efeitos da limpeza total da floresta sobre o BGC; no entanto, a degradação da floresta através do corte em pequena escala e de outros métodos de colheita também influencia potencialmente o BGC, mas é muito menos estudada. A compreensão do impacto da degradação florestal na BGC é importante para a incorporação das florestas de mangue nos orçamentos globais de carbono e para o estabelecimento de esquemas de conservação florestal baseados na preservação de sumidouros de carbono. O presente capítulo investigou o impacto a curto prazo do corte experimental (árvores cortadas 20 cm acima da raiz da estaca mais alta) no BGC a uma profundidade de 3 m, 9 meses após o corte, numa floresta de mangal *Rhizophora mucronata* do Quénia. Um estudo de campo das florestas de mangue de Zanzibar abordou a questão de saber se os efeitos a longo prazo da degradação sobre a BGC podiam ser detectados no terreno e quais os indicadores de degradação (% de cepos, % de árvores cortadas ou % de biomassa em falta) que melhor previam a BGC. Nas parcelas experimentais, a degradação resultou numa perda de C armazenado comparável à da limpeza total da floresta; aproximadamente 30 t C ha$^{-1}$ no prazo de 9 meses após o corte. Os efeitos negativos do corte na concentração de carbono nos sedimentos foram visíveis a uma profundidade de mais de 1m. Os resultados do inquérito no terreno em Zanzibar mostraram que o BGC era altamente variável e influenciado por uma série de variáveis, incluindo as espécies de mangais e a localização. O impacto da degradação florestal no BGC não pôde ser previsto com base nas medidas acima do solo aqui utilizadas; provavelmente devido à elevada variabilidade dentro e entre locais e à existência de múltiplos factores de confusão potenciais, como o tempo decorrido desde a degradação. Por conseguinte, os projectos de conservação do carbono florestal poderão ter de utilizar medições específicas do local para uma contabilização exacta do carbono.

## 5.1. Introdução

As florestas cobrem cerca de 4 mil milhões de hectares em todo o mundo (Fonseca *et al.*
2011) e contêm metade das reservas de carbono orgânico terrestre (1240 Pg de C no total).
Dois terços deste carbono estão armazenados no solo das florestas (Nave *et al.* 2010;
Sierra *et al.* 2007; Lal 2004). As reservas de carbono orgânico do solo (SOC) apresentam
uma grande variabilidade entre florestas, com valores típicos para solos minerais terrestres
de 20 a 300 t ha$^{-1}$ , dependendo do tipo de floresta e das condições climáticas (Jobbàgy &
Jackson 2000). Devido à dimensão desta reserva de carbono, a desflorestação é uma
importante fonte de emissões de gases com efeito de estufa (GEE); a desflorestação resulta
em emissões de carbono de 1,1 Gt yr$^{-1}$ , o que equivale a aproximadamente 6-17% das
emissões antropogénicas globais (Baccini *et al.* 2012; Harris *et al.* 2012; Friedingstein *et al.*
2010). Enquanto as perdas de carbono acima do solo são relativamente simples de
documentar após a remoção da floresta, os efeitos sobre o BGC (em florestas marinhas e
terrestres) são menos conhecidos.

A limpeza da floresta (remoção completa da biomassa acima do solo) e a degradação
(corte/colheita de árvores em pequena escala) resultam geralmente na perda de carbono
abaixo do solo (Guimarães *et al.* 2013; Beheshtia *et al.* 2012; Zhang *et al.* 2012; Putz *et al.*
2008; Yanai *et al.* 2003; Schultze *et al.* 1999; Fearnside & Barbosa 1998; Olsson *et al.*
1996). As reservas de BGC podem continuar a diminuir durante muitos anos após a
remoção da floresta, devido à falta de novas entradas de carbono e à decomposição
gradual (Yanai *et al.* 2003; Schulze *et al.* 1999; Olsson *et al.* 1996), deixando as terras
limpas com reservas muito mais baixas de BGC. Por exemplo, a conversão de florestas
terrestres noutras utilizações do solo nos Himalaias resultou na perda de 55% das suas
reservas de carbono entre 1988 e 2001, libertando 7,78 Mg C ha$^{-1}$ yr$^{-1}$ (Sharma & Rai 2007).
Na Califórnia, Black & Harden (1995) mostraram uma perda de 15% do BGC no espaço de
1 a 7 anos após a desflorestação, devido à oxidação do solo e ao aumento da respiração,
e uma perda contínua de carbono (mais 15%) apesar da acumulação de novos folhada e
raízes durante 17 anos de recrescimento da floresta. No norte do Irão, a conversão da
floresta em terras agrícolas resultou em perdas de BGC de cerca de 66% ao longo de 70
anos (Beheshtia *et al.* 2012).

Embora muitos estudos se concentrem nos efeitos da limpeza da floresta, a degradação
florestal através do corte de árvores e outros métodos de colheita também influencia
potencialmente as perdas de BGC, mas é muito menos bem compreendida (Vargas *et al.*
2013). Os níveis de perda de BGC após a exploração florestal dependem da escala da

exploração e dos métodos empregues. Por exemplo, num estudo sobre os efeitos do método de abate no BGC, Johnson & Curtis (2001) mostraram que o abate de árvores inteiras resultou numa diminuição de 6% no BGC, enquanto um método de troncos (removendo ramos mas deixando troncos) resultou num aumento de 18% no BGC; embora este aumento tenha sido restrito a espécies de coníferas. Este efeito positivo do método de corte em toros em florestas de coníferas foi considerado de curto prazo devido à entrada de carbono dos resíduos de árvores deixados no solo. A extensão da perda também varia dependendo do tipo de floresta a ser explorada (por exemplo, coníferas, mangue, tropical), o que afecta fortemente o nível inicial de BGC nos solos florestais.

As florestas de mangais crescem em zonas costeiras tropicais e subtropicais. Tal como se observa nas Caraíbas, os mangais podem crescer em substratos de solo (construídos principalmente através da acumulação orgânica, em vez de processos físicos de sedimentação mineral), em oposição aos substratos de sedimentos mais minerogénicos observados no presente estudo (McKee *et al.* 2007). Ao contrário da maioria das florestas terrestres, o enriquecimento orgânico e a acumulação vertical de substrato (solo ou sedimento) não se saturam com a idade da floresta e as taxas de elevação da superfície podem atingir 4,7 mm por ano$^{-1}$ (McKee *et al.* 2007; Kumara *et al.* 2010). Com as actuais taxas globais de subida do nível do mar de 3,1 mm yr$^{-1}$ , esta elevação da superfície será um fator determinante da vulnerabilidade dos mangais e do seu serviço de sequestro de carbono associado às alterações climáticas (Nicholls & Cazenave 2010; IPCC 2014; Houghton *et al.* 1990).

A limpeza das florestas, muitas vezes para aquacultura, turismo (construções e desenvolvimentos costeiros), agricultura e desenvolvimento costeiro, é responsável por ~0,7% da perda anual de mangais (Kirui *et at.* 2013; Copertino 2011; Spalding *et al.* 1997; Clough 1993). Estima-se que a destruição de florestas de mangue seja responsável por 10% das emissões de GEE provenientes de mudanças no uso da terra (Donato *et al.* 2011). A relação entre a destruição dos mangais e o armazenamento de carbono abaixo do solo foi considerada em apenas alguns estudos (Lovelock *et al.* 2011; Alongi & de Carvalho 2008; Granek & Ruttenberg 2008). O trabalho anterior fornece evidências de uma perda substancial de carbono sedimentar como resultado da limpeza da floresta, drenagem ou conversão de manguezais em aquicultura. Por exemplo, os sedimentos de mangue perturbados registaram um aumento do efluxo de $CO_2$ de 27 µmol m$^{-2}$ s$^-$ 1 antes de regressarem aos níveis normais após 2 dias (Lovelock *et al.* 2011). O aumento do efluxo de $CO_2$ reflecte um aumento da degradação microbiana da matéria orgânica no sedimento devido à exposição ao oxigénio (Lovelock *et al.* 2011). O sedimento em áreas de florestas de mangue desmatadas pode conter 10% menos matéria orgânica do que em florestas intactas, reflectindo a decomposição da BGC após o desmatamento (Granek & Ruttenberg 2008). Há provas dos efeitos da limpeza dos mangais na perda de BGC que duram até 20 anos; o efluxo de $CO_2$ no primeiro ano após a limpeza dos mangais em Belize foi de ~106 t C ha$^{-1}$ yr$^{-1}$ , que diminuiu para ~30 t C ha$^{-1}$ yr$^{-1}$ 20 anos após a limpeza (Lovelock *et al.* 2011).

No Quénia, a Lei das Florestas de 2005 regula a gestão dos mangais no estrangeiro, enquanto a Lei de Gestão e Conservação dos Recursos Florestais de 1996 é responsável pela gestão dos mangais em Zanzibar (PNUA e WIOMSA 2015). Apesar de os mangais no Quénia e na Tanzânia (incluindo Zanzibar) terem sido declarados como reservas florestais, estão a mostrar uma tendência decrescente na cobertura florestal (UNEP e WIOMSA 2015). É provável que a maior parte do impacto humano nas florestas de mangue ocorra sob a forma de degradação - a remoção gradual da biomassa, o desmatamento em pequena escala e a redução da qualidade do ecossistema - e não de desmatamento em grande escala. Por exemplo, no Quénia, as taxas de destruição florestal detectáveis por deteção remota abrandaram recentemente para ~0,28% ao ano$^{-1}$ , mas a maioria das florestas do país é fortemente afetada pela extração em pequena escala (Kirui *et al.* 2013). Um estudo recente no Quénia, utilizando o efluxo de carbono à superfície, estimou que a remoção de árvores de mangue em pequena escala resultou numa perda de 25,3 ± 7,4 t $CO_2$ ha$^{-1}$ yr$^{-1}$ (Lang'at *et al.* 2014). Assim, é importante considerar a degradação florestal ao determinar a dinâmica do estoque de BGC em manguezais, mas há uma escassez de pesquisas nesta área.

Os incentivos financeiros ligados à prestação de serviços ecossistémicos (por exemplo, através do REDD+) oferecem oportunidades para melhorar a gestão e conservação dos mangais. No entanto, têm tido atualmente uma utilização limitada nos sistemas de mangais, em parte devido à falta de informação precisa sobre as existências totais de carbono nestas florestas e sobre a forma como estas existências podem ser geridas juntamente com outros serviços ecossistémicos, incluindo os serviços extractivos (Donato *et al.* 2012; Gibbon *et al.* 2010). Embora uma iniciativa de pequena escala no Quénia (Mikoko Pamoja) esteja agora a vender carbono de mangais, incluindo emissões evitadas de algumas reservas subterrâneas (ver www.aces-org.co.uk/), existe um potencial considerável para alargar iniciativas como esta. O objetivo do presente estudo foi explorar os efeitos do corte/degradação florestal no carbono subterrâneo dos mangais e avaliar a utilização de índices simples de degradação como indicadores da perda de carbono subterrâneo. O estudo combinou abordagens experimentais (no Quénia) e de levantamento de campo (em Zanzibar, Tanzânia) para testar as seguintes questões:

1.    Qual o impacto a curto prazo que a remoção de árvores em pequena escala tem no BGC nos mangais?

2.    Os efeitos da degradação a longo prazo das florestas de mangais na BGC podem ser detectados no terreno e quais são os melhores indicadores desse facto?

GiK's que serão abordados neste capítulo:

*    GiK2-Fato    do carbono

*    GiK8-Efeito   da degradação florestal na    BGC

*    GiK9-Efeito   das espécies no BGC

*    GiK11-Relação                                 entre AGCe      BGC

## 5.2. Métodos

### 5.2.1. Locais de estudo

O trabalho experimental foi realizado em parcelas de *Rhizophora mucronata* na Baía de Gazi, no Quénia (ver secção 2.2.1. para detalhes do local). Os dados de Zanzibar foram recolhidos e processados de forma independente pelo departamento da Escola de Ciências Oceânicas da Universidade de Bangor, no País de Gales. O trabalho de investigação sobre as ligações entre a degradação florestal e a concentração de carbono nos sedimentos foi efectuado em seis locais em Zanzibar, que apresentam uma série de impactos humanos. Foram eles: Kisakasaka, Unguja Ukuu, Uzi, Pete, Chwaka e Maruhubi (Figura 35). Todas as dez espécies de mangais encontradas na África Oriental residem em Zanzibar; com a adição de *Pemphis acidula* à lista na secção 2.2.1. (Shunula 2002). Áreas substanciais de mangal de Zanzibar foram perdidas nas últimas décadas; de 20.000 ha em 1980, para estimativas recentes de 5.000 ha (Shaw 2011; Shunula 2002) e estas áreas remanescentes foram degradadas através da colheita em diferentes graus. As principais razões para a degradação dos mangais em Zanzibar são a extração de lenha, a produção de carvão vegetal e de postes para a construção de edifícios (Shunula & Whittick 1996). Tal como na Baía de Gazi, os mangais de Zanzibar têm sido objeto de muitos estudos, incluindo a produção de lixo (Shunula & Whittick 1996) e projectos de gestão comunitária (Saunders *et al.* 2010).

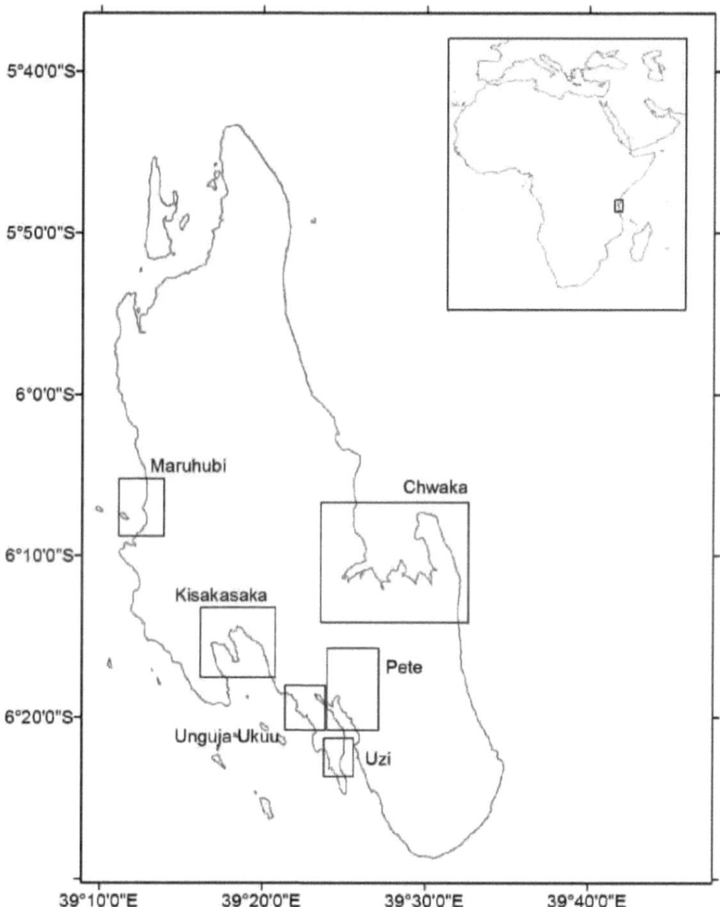


Figura 35: Mapa de Zanzibar indicando os seis sítios de amostragem (adaptado de Benson 2012).

## 5.2.2. Conceção experimental - Gazi

Foram estabelecidos cinco pares de parcelas de 12 x 12m numa floresta dominada por *Rhizophora mucronata*. Em maio de 2010, uma parcela de cada par foi aleatoriamente atribuída ao tratamento de "corte" e todas as árvores da parcela de tratamento foram cortadas ~20 cm acima das raízes mais altas das estacas. Todos os detritos, com exceção de fragmentos muito pequenos, foram removidos. As outras parcelas dos cinco pares

93

serviram de controlo. Este trabalho foi efectuado por Lang'at *et al.*(2014).

A amostragem de sedimentos foi realizada 9 meses depois, em fevereiro de 2012. Foram recolhidos dois núcleos de sedimentos em locais aleatórios na área central de cada parcela, utilizando um trado de goiva. Desde que o sedimento do mangue fosse suficientemente profundo, foram recolhidas amostras de sedimentos nos seguintes intervalos de profundidade: 5cm, 10cm, 20cm, 30cm, 40cm, 50cm, 1m, 1.5m, 2m, 2.5m e 3m. Este procedimento foi repetido para o segundo núcleo, de modo a obter duas réplicas em cada intervalo de profundidade (em cada parcela) e foi calculada uma média. Se a sonda atingisse o leito rochoso antes do intervalo de profundidade desejado, a amostra era recolhida no ponto mais profundo e arredondada para o intervalo de profundidade mais próximo (ver secção 2.2.2. para mais pormenores sobre a amostragem).

Os fragmentos de raízes vivas foram retirados e a amostra de sedimento foi homogeneizada. As amostras foram secas a 60° C até se obter um peso constante. A densidade aparente foi calculada dividindo o peso seco pelo volume total da amostra ($35cm^3$). O teor de matéria orgânica foi calculado utilizando a perda por ignição (LOI). Cinco gramas de cada amostra foram queimadas num forno durante 2 horas a 550°C e depois pesadas de novo. O teor de matéria orgânica (g) de cada amostra foi calculado por: (Peso Pós LOI - Peso Inicial)/Peso Inicial. Usando a equação 7 do Capítulo 2 (obtida da análise CN), a matéria orgânica foi convertida em concentração de carbono. Ver secção 2.2.4. para cálculos de densidade aparente, densidade de carbono e BGC.

### 5.2.3. Conceção experimental - Zanzibar

Usando um desenho de amostragem aleatória estratificada, sessenta e sete parcelas de 10 x 10m foram amostradas nos 6 locais de floresta de mangue em Zanzibar (fevereiro de 2012; Tabela 8). Em cada local, as parcelas foram estabelecidas em áreas dominadas por *Avicennia marina* e/ou áreas dominadas por *Rhizophora mucronata*. O número de parcelas em cada local para cada um dos dois tipos de estande dependia da extensão da área total de mangue e da cobertura de cada tipo de estande da comunidade.

Quadro 8: Número de parcelas amostradas em cada sítio e tipo de povoamento.

| Sítio | *Avicennia* | *Rhizophora* | Número total de parcelas | | |
|---|---|---|---|---|---|
| Pete | 7 | 6 | 13 | | |
| Unguja | 8 | 0 | 8 | | |

| | | | |
|---|---|---|---|
| Uzi | 3 | 7 | 10 |
| Chwaka | 0 | 14 | 14 |
| Kisakasaka | 7 | 7 | 14 |
| Marhubi | 8 | 0 | 8 |
| *Total* | *33* | *34* | *67* |

As parcelas foram colocadas em áreas que representam a gama de degradação no sítio em cada estrato amostrado (se houver mais do que um). Utilizou-se uma dimensão de parcela de 10 x 10m, mas esta foi alterada para 20 x 20m se não houvesse pelo menos 20 árvores na parcela.

Em cada parcela, as árvores foram identificadas e contadas, e o diâmetro à altura do peito (DAP) foi medido para cada árvore adulta utilizando paquímetros (Berry 2009). A biomassa acima do solo (AGB) dentro de cada quadrat foi calculada utilizando a seguinte equação alométrica, derivada para utilização nos mangais da África Oriental pelo projeto de investigação, *Swahili Seas (ver* www.eafpes.org):

$$AGB(kg)=EXP((2.545LnDBH)-2.297 \tag{16}$$

Em que AGB é a massa seca acima do solo da árvore (kg) e DBH o diâmetro à altura do peito.

O AGB de cada árvore foi somado para obter o AGB total da parcela. O estado de cada árvore foi igualmente registado como 1) Intacta (sem cortes visíveis), 2) Cortada (árvore com um ou mais ramos ou raízes cortados), 3) Cepo (árvore morta e cortada abaixo da altura dos seus ramos) para conversão em índices de degradação. O diâmetro de cada cepo e de cada ramo cortado abaixo ou à altura do peito (visível pelo toco que permanece na árvore) foi igualmente registado para calcular a biomassa da madeira de mangue extraída (biomassa em falta, MB; calculada com base na equação alométrica acima referida [16]). Os dados sobre o estado das árvores foram utilizados para obter três índices de degradação, como se segue:

Percentagem de cepos (%) = (contagem de cepos/contagem total de árvores) * 100    [17]

Percentagem de árvores cortadas (%) = (contagem de árvores cortadas/contagem total de árvores) * 100    [18]

Percentagem de biomassa em falta (%) = (MB/ (AGB + MB)) * 100    [19]

Em resumo, a percentagem de árvores cortadas é um índice da proporção de árvores que apresentam sinais de corte de um ramo; os sinais visíveis incluem marcas de corte planas e tocos. A percentagem de cepos representa as árvores que estão agora mortas devido ao facto de terem sido cortadas abaixo da altura dos seus ramos. A biomassa em falta representa a biomassa que teria existido se a árvore não tivesse sido cortada ou se o ramo não tivesse sido cortado, medindo o diâmetro do cepo ou do ramo remanescente (onde foi cortado).

Foram recolhidos três núcleos de sedimentos de 20 cm de profundidade de cada parcela, utilizando um corer de PVC de 6 cm de diâmetro (Kauffman *et al.* 2011). Os núcleos foram recolhidos dentro da parcela, evitando a borda para garantir uma representação exacta da parcela e evitar raízes vivas. Para obter uma representação exacta do teor médio de carbono ao longo do perfil de profundidade, foram recolhidas amostras em 4 intervalos de profundidade diferentes (2,5-5 cm, 5-10 cm, 10-15 cm e 15-20 cm). Cada amostra de sedimento foi homogeneizada e todos os fragmentos de raízes vivas foram removidos. Uma subamostra de 20g foi seca (80°C até peso constante) e pesada (peso seco, DW), e depois queimada numa mufla (425°C até peso constante). Depois disso, as cinzas

peso (PA) foi medido.

A concentração de carbono (g/g) foi calculada do seguinte modo

$$CC(g/g)=((DW\text{-}AW)/DW)*0,464 \hspace{2cm} [20]$$

Onde 0,464 foi uma constante para a proporção da matéria orgânica dentro do sedimento do mangue que é carbono (Donato *et al.* 2011; Kaufmann & Cole 2010).

A concentração média de carbono foi então calculada para os três núcleos de cada parcela.

### 5.2.4. Análise estatística

Todas as análises foram efectuadas utilizando a versão 3.0.2 do R (R Core Team, 2013). Para os resultados experimentais, uma ANCOVA de modelo misto testou os efeitos do tratamento (corte ou controlo) e da profundidade (como covariável) na concentração de carbono nos sedimentos, com a parcela e o núcleo incorporados como efeitos aleatórios (núcleo aninhado na parcela). Este procedimento foi repetido para a densidade aparente e a densidade do carbono.

Para os dados do estudo de Zanzibar, as relações entre cada índice de degradação e a concentração de carbono sedimentar (transformado em log natural) foram inicialmente examinadas, tratando tanto o local como as espécies como efeitos aleatórios, para determinar se havia padrões gerais evidentes em todas as parcelas amostradas. A análise gráfica exploratória sugeriu que havia uma variação substancial entre sítios e espécies na concentração média de carbono nos sedimentos. As análises foram, portanto, repetidas para cada índice, com as espécies como efeito principal e o local retido como efeito aleatório. Com base nestes resultados, os dados foram divididos por espécie e a extensão da variação entre locais nos padrões foi avaliada através da incorporação do local como fator fixo. Não foi possível efetuar uma análise de dois factores (espécie x local), uma vez que ambas as espécies não estavam presentes em todos os locais.

## 5.3. Resultados

### 5.3.1. Baía de Gazi, Quénia

Os perfis de concentração de carbono nos sedimentos (CC) das amostras obtidas em 2012 diferiram entre as parcelas tratadas e as parcelas de controlo, com efeitos de corte aparentes a pelo menos 1 m de profundidade (Figura 36). Houve uma interação significativa entre tratamento e profundidade ($F=5,15$, $df=1,147$, $p=0,025$), reflectindo as diferenças claras no perfil e particularmente a perda aparente de carbono nos 11,5m superiores das parcelas cortadas (Figura 36). A partir de uma inspeção visual, a maior diferença de CC entre as parcelas tratadas e as parcelas de controlo parece estar a 20 cm de profundidade, no entanto, uma análise mais aprofundada das amostras de 20 cm não mostrou diferenças significativas (F=3,11, df=1,8, $p=0,116$). Mais abaixo no perfil do solo, a diferença entre os tratamentos foi menos pronunciada.

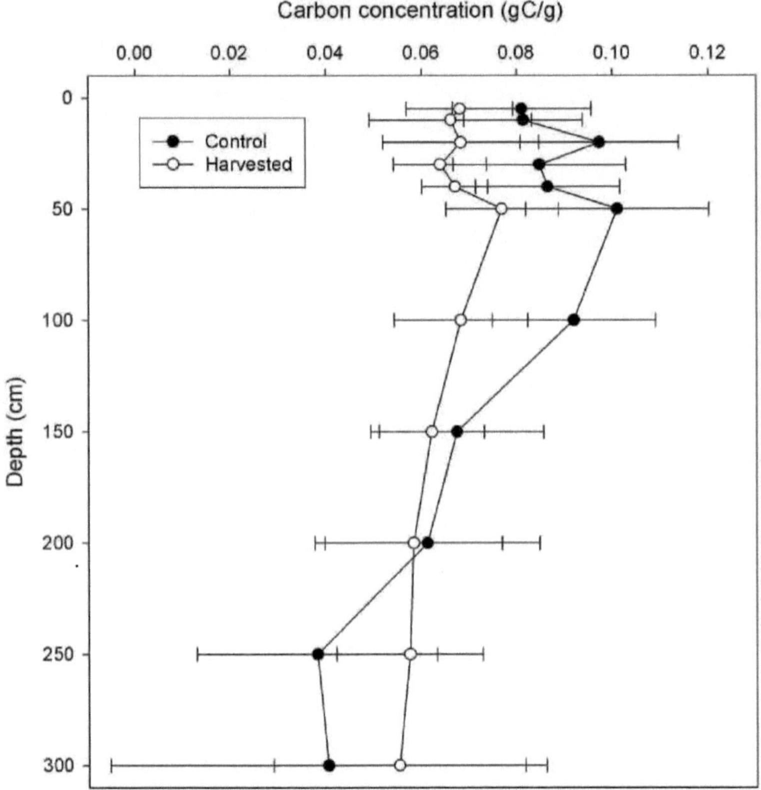


Figura 36: Distribuição vertical da concentração de carbono a uma profundidade de 3m (média ± 95% CI) em parcelas *de Rhizophora mucronata* colhidas (branco) e de controlo (preto) na Baía de Gazi.

Tanto a densidade do carbono como a densidade aparente não foram significativamente diferentes entre as parcelas tratadas e as parcelas de controlo (*F=1*,1703, *df=1*,157, *p=0*,3109 e *F=61*,217, *df=1*,147, *p=0*,6693 respetivamente).

As reservas de carbono do solo a uma profundidade de 3 m variaram entre 539,95 e 729,03 t C ha$^{-1}$ para os controlos e entre 524,48 e 646,89 t C ha$^{-1}$ para as parcelas tratadas. As parcelas de controlo tendem a ter um stock médio de C mais elevado do que as parcelas tratadas, com uma média (± 95% CI) de 621,5 ± 63,5 vs 593,3 ± 42,6 t C ha$^{-1}$ , respetivamente, mas a diferença não foi significativa (*F*= 0,5218, *df=1*,8, *p=0*,4907).

### 5.3.2. Zanzibar

Cada índice de degradação foi analisado separadamente para ver qual fornecia a imagem mais clara dos efeitos da degradação florestal no carbono abaixo do solo. Foram utilizados os mesmos modelos para cada um dos três índices ao longo das análises. O efeito da degradação na concentração de carbono foi testado inicialmente com a parcela aninhada no local como factores aleatórios. Isto não revelou uma relação significativa entre a concentração de carbono e a biomassa em falta ou a percentagem de corte ($F=0,197$, $df=1,60$, $p=0,658$ e $F=0,917$, $df=1,60$, $p=0,341$ respetivamente) e uma relação positiva significativa com a percentagem de cepos ($F=11,224$, $df=1,60$, $p=0,0014$).

### 5.3.2.1. Efeito do sítio

O local foi incorporado como um fator fixo para avaliar a sua importância na previsão do efeito da degradação na concentração de carbono. Para todos os três índices, houve uma interação significativa entre o valor do índice de degradação (o preditor) e o local na influência da concentração de carbono; indicando que a relação entre os índices de degradação e a concentração de carbono nos sedimentos variou entre os diferentes locais de estudo (percentagem de biomassa em falta*local $F=27.12$, $df=5,55$, $p<0.0001$; percentagem de árvores cortadas*sítio $F=4.98$, $df=5,55$, $p=0.0008$; percentagem de cepos*sítio $F=4.93$, $df=5,55$, $p<0.0001$).

### 5.3.2.2. Efeito das espécies

O exame gráfico dos dados sugeriu que as relações entre a concentração de carbono e os índices de degradação diferiam entre as espécies (Figura 37, 38 e 39). As análises repetidas com as espécies como fator fixo e o local como fator aleatório confirmaram este facto, com um efeito significativo das espécies nos três índices; biomassa em falta $F=59,16$, $df=1,58$, $p<0,0001$, percentagem de árvores cortadas $F=35,99$, $df=1,58$, $p<0,0001$ e percentagem de cepos $F=36,57$, $df=1,58$, $p<0,0001$, com as parcelas de *Rhizophora* a conterem significativamente mais carbono em média.

Em Avicennia, parece haver uma correlação positiva entre a concentração de carbono e a percentagem de biomassa em falta, mas não para *Rhizophora*. Para investigar melhor este aspeto, a análise seguinte examinou as relações entre a concentração de carbono e os índices de degradação para cada espécie separadamente, com a parcela aninhada no local como factores aleatórios. Embora parecesse haver uma relação positiva em Avicennia para a biomassa em falta (Figura 37), esta não foi significativa ($F=0,73$, $df=1,27$, $p=0,3992$). Foi encontrada uma relação positiva significativa para cepos ($F=4,8$, $df=1,27$, $p=0,0373$) mas não para árvores cortadas ($F=0,36$, $df=1,27$, $p=0,5529$). Foi evidente uma relação positiva significativa em *Rhizophora*, tanto para a biomassa em falta como para os cepos, mas não para as árvores cortadas (percentagem de biomassa em falta $F=25,51$, $df=1,29$, $p<0,0001$;

percentagem de cepos *F=11*,32, df=1,29, *p=0*,0022; percentagem de árvores cortadas *F=0*,20, df=1,29, *p*= 0,656).

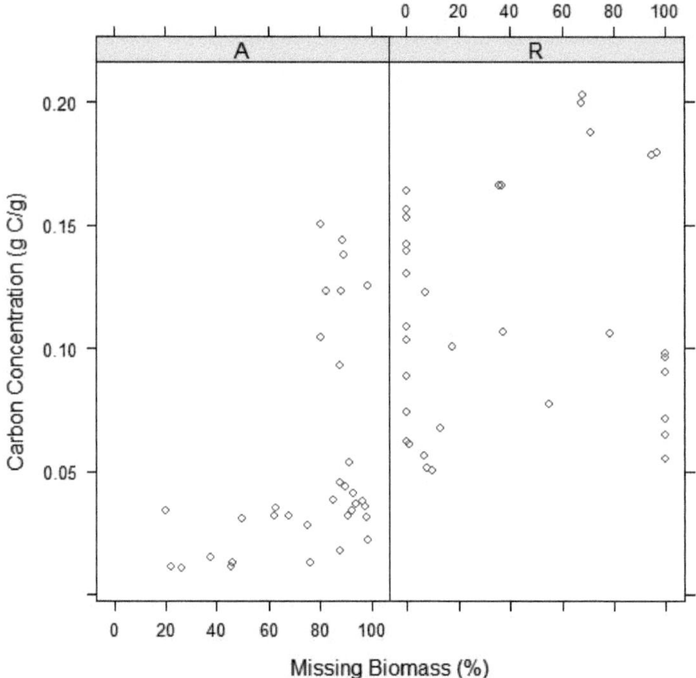


Figura 37: A relação entre a concentração de carbono (média de 2,5cm a 20cm de profundidade) e a % de biomassa em falta nas parcelas de *Avicennia marina* (A) e *Rhizophora mucronata* (R) em Zanzibar.

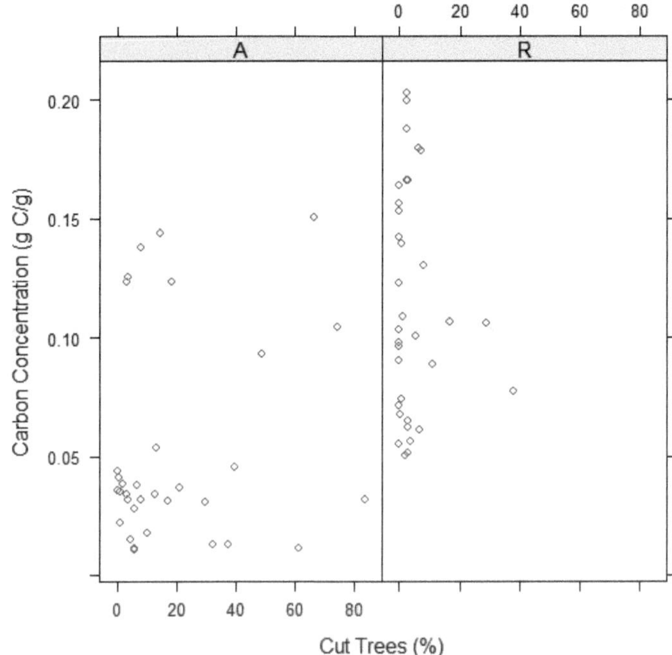

Figura 38: A relação entre a concentração de carbono (média de 2,5cm a 20cm de profundidade) e % de árvores cortadas em parcelas de *Avicennia marina* (A) e *Rhizophora mucronata* (R) em Zanzibar.

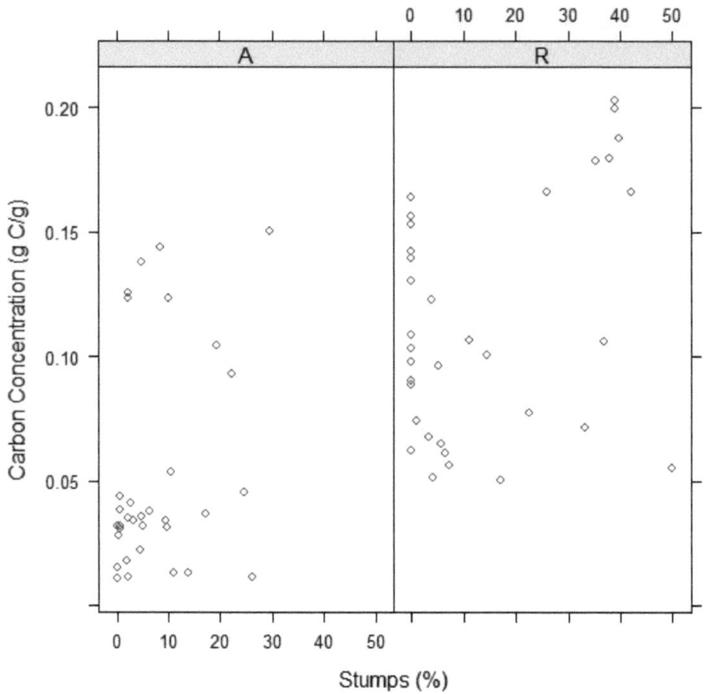


Figura 39: A relação entre a concentração de carbono (média de 2,5cm a 20cm de profundidade) e % de cepos em parcelas de *Avicennia marina* (A) e *Rhizophora mucronata* (R) em Zanzibar.

### 5.3.2.3. Modelo de efeito de espécie e local

Uma vez que o local e a espécie são, portanto, factores importantes para detetar os efeitos da degradação na concentração de carbono, o modelo final envolveu a divisão dos dados por espécie e a inclusão do local como fator fixo. Em *Rhizophora*, o efeito da degradação não foi consistente entre os sítios, tanto para a percentagem de biomassa em falta como para os cepos (percentagem de biomassa em falta*sítio $F=11,84$, $df=2,27$, $p=0,0002$ e percentagem de cepos*sítio $F=23,39$, $df=3,26$, $p<0,0001$). A percentagem de árvores cortadas não teve efeito na concentração de carbono (percentagem de árvores cortadas*sítio $F=1,95$, $df=1,26$, $p=0,526$). Nas parcelas de Avicennia, houve um efeito positivo significativo dos três índices de degradação na concentração de carbono; consistente em todos os locais (percentagem de biomassa em falta $F=57.58$, $df=1,23$, $p<0.0001$, percentagem de árvores cortadas $F=11.33$, $df=1,23$, $p=0.003$ e percentagem de cepos $F=33.13$, $df=1,23$, $p<0.0001$). As Figuras 40, 41 e 42 demonstram a variabilidade na relação entre a concentração de carbono e o índice de degradação entre sítios e espécies.

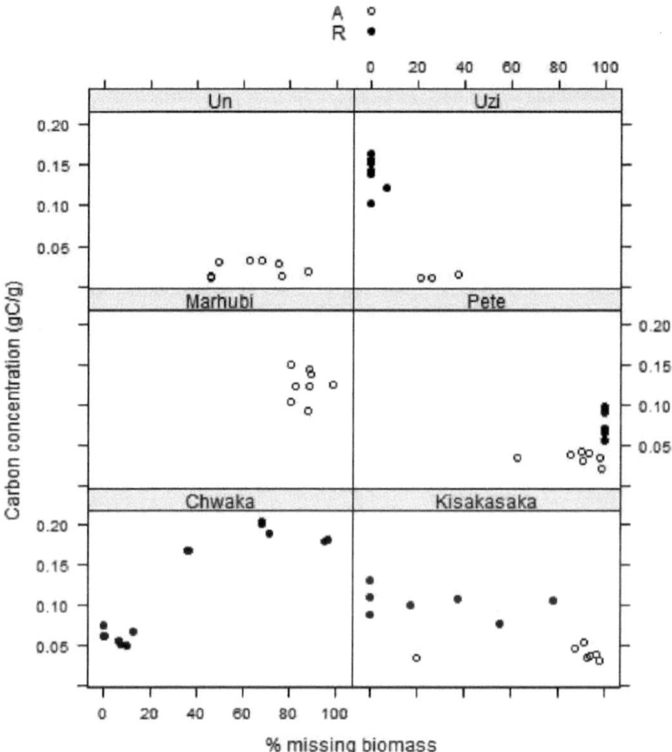


Figura 40: A relação entre a concentração de carbono (média de 2,5cm a 20cm de profundidade) e a % de biomassa em falta nas parcelas de *Avicennia marina* (branco) e *Rhizophora mucronata* (preto) em cada local em Zanzibar.

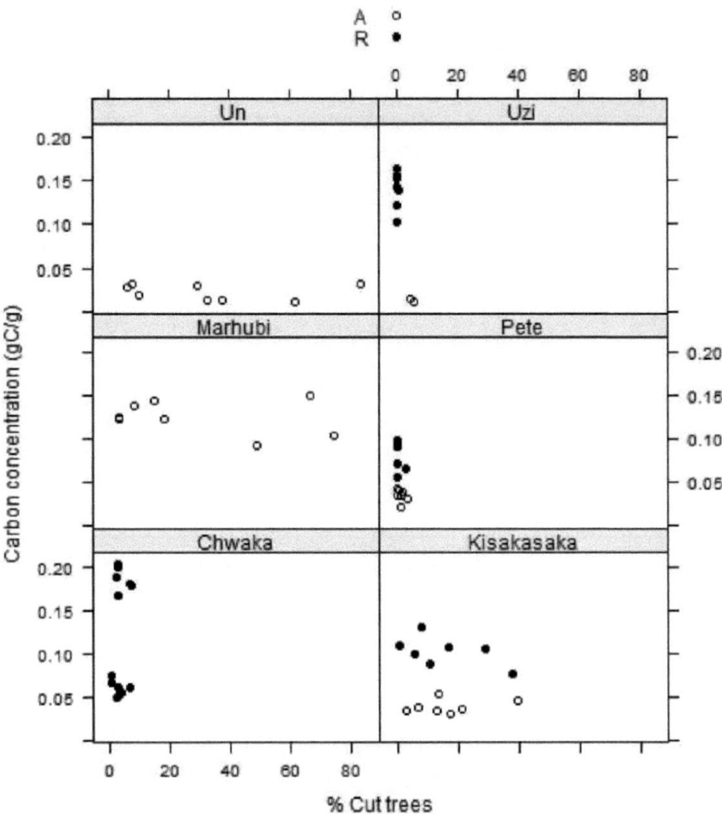



Figura 41: A relação entre a concentração de carbono (média de 2,5 cm a 20 cm de profundidade) e a % de árvores cortadas em parcelas de *Avicennia marina* (branco) e *Rhizophora mucronata* (preto) em cada local em Zanzibar.

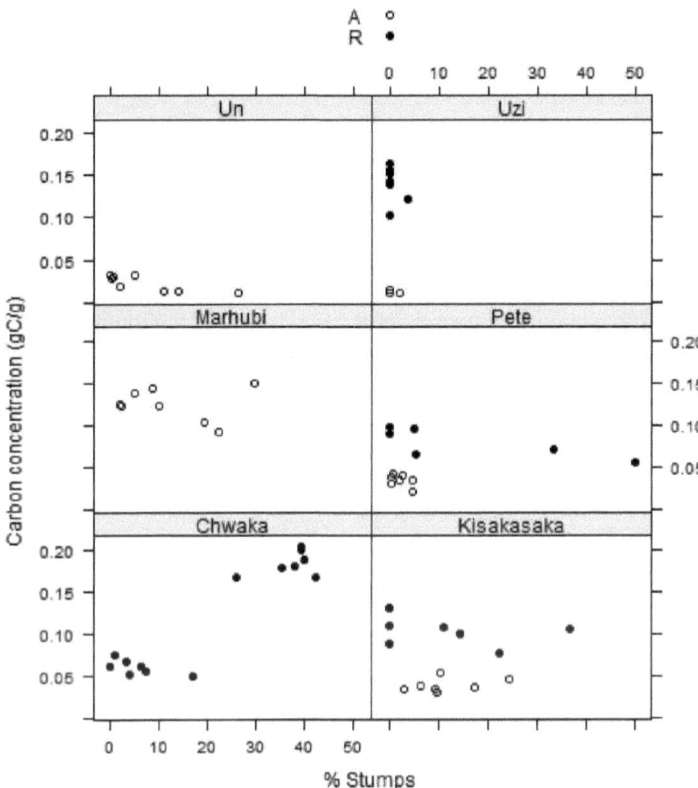


Figura 42: Relação entre a concentração de carbono (média de 2,5cm a 20cm de profundidade) e % de cepos em parcelas de *Avicennia marina* (branco) e *Rhizophora mucronata* (preto) em cada local em Zanzibar.

## 5.4. Discussão

O pequeno número de estudos relevantes existentes forneceu provas de que a degradação florestal pode resultar numa perda substancial de carbono (Lang'at *et al.* 2014; Houghton *et al.* 2012, Johnson & Curtis 2001). A escassez de investigação neste domínio e o facto de nenhum trabalho anterior ter estudado as perdas de carbono na sequência da limpeza experimental de mangais, realça a importância deste estudo.

Os resultados experimentais aqui apresentados apoiam a ideia de que a degradação tem um impacto negativo nas reservas de carbono abaixo do solo nas florestas de mangue; surpreendentemente, o efeito na concentração de carbono ocorre de forma relativamente rápida (no prazo de 9 meses) e parece estender-se muito para além dos sedimentos superficiais até profundidades de 1m ou mais; a interação entre o tratamento e a

105

profundidade indica que as diferenças diminuíram com a profundidade (Figura 36). A degradação resultante do tratamento de colheita resultou numa perda de reservas de C de aproximadamente 30 t $CO_2$ ha$^{-1}$ no prazo de 9 meses após a colheita. Embora a concentração de carbono tenha variado entre os tipos de parcelas, sobretudo nas camadas superiores, tal não se traduziu numa diferença significativa nas reservas de carbono, reflectindo provavelmente o poder estatístico relativamente baixo proporcionado pela elevada variabilidade e por uma replicação de apenas cinco parcelas. Por conseguinte, com base nos dados recolhidos neste estudo, não parece haver um forte efeito do tratamento de corte nas reservas de carbono dos sedimentos, pelo menos durante o período em que as medições foram efectuadas. No entanto, as estimativas de perda de stock de carbono encontradas neste estudo (30 t C ha$^{-1}$ ), estão muito próximas das relatadas por Lovelock *et al.* (2011) com estimativas de 29 t $CO_2$ ha$^{-1}$ yr$^{-1}$ , apesar de este último utilizar observações de desbastes em grande escala. Isto sugere que a degradação para além de um certo ponto pode talvez ter um impacto negativo nas reservas de BGC tão drástico como a desflorestação.

A decomposição das raízes mortas foi provavelmente uma causa importante da perda de carbono. No entanto, é provável que o carbono orgânico do sedimento também tenha sido degradado. O sedimento nas parcelas tratadas pode não ter sido tão anóxico como nas parcelas de controlo. Sabe-se que os mangais aceleram a anaerobiose (o processo em que o oxigénio se esgota), pelo que, na ausência de mangais nas parcelas tratadas, os níveis de oxigénio podem ter aumentado (Cuc *et al.* 2009). Sem cobertura de copa nas parcelas tratadas, a temperatura da superfície do sedimento teria sido provavelmente mais elevada, resultando num aumento das taxas de decomposição (Lang'at *et al.* 2014). Este facto, combinado com a falta de produtividade primária e de entrada de nova matéria orgânica no sedimento, pode explicar a menor concentração de carbono encontrada nas parcelas tratadas.

Apesar das condições controladas da experiência, que incluíram a seleção de parcelas de tratamento e de controlo em povoamentos relativamente homogéneos de *Rhizophora mucronata* na mesma zona de maré, verificou-se uma grande variabilidade nos resultados. Isto influenciou o poder estatístico com que o estudo foi capaz de identificar diferenças significativas entre os núcleos de tratamento e de controlo, uma vez que os dados foram desagregados por profundidade.

Os resultados observacionais dos mangais de Zanzibar apresentam um quadro muito heterogéneo. É evidente que os índices simples de degradação florestal, derivados de observações dos efeitos acima do solo efectuadas anos (e possivelmente décadas) depois de os impactos terem ocorrido, podem não ser suficientes para prever os efeitos da degradação na concentração de carbono abaixo do solo no terreno. As relações encontradas não foram consistentes entre locais de mangais, espécies ou diferentes índices de degradação florestal. Em Chwaka, parece haver outro fator em jogo que está a resultar em dois grupos de dados; possivelmente a conduzir a correlação positiva encontrada para % de biomassa em falta e % de cepos (Figura 40 e 42). Em Kisakasaka e Uzi, parece haver uma correlação negativa entre a % de biomassa em falta e a concentração de carbono, no entanto, este facto é causado pelas diferentes concentrações de carbono entre as duas espécies de mangal (Figura 40). Os resultados revelaram relações positivas significativas entre as concentrações de carbono e os três índices de degradação nas parcelas de Avicennia. Como seria de esperar uma relação negativa entre a concentração de carbono e a degradação, este facto foi mais do que provavelmente confundido pela variabilidade no local.

A percentagem de cepos e árvores cortadas pode não ser um indicador exato devido ao facto de não ter sido tida em conta a dimensão do cepo/árvore cortada e, por conseguinte, a contribuição para o armazenamento de carbono nos anos anteriores ao corte. Um cepo grande terá mais carbono debaixo de si do que um cepo pequeno com poucos anos de produtividade. A percentagem de biomassa em falta deveria ter tido em conta este facto, mas pelos resultados parece não ter feito diferença.

A natureza heterogénea das florestas de mangal e os muitos factores que têm impacto no armazenamento de carbono podem explicar ou, pelo menos, ter influenciado a variação dos valores de concentração de carbono observados neste estudo. Por exemplo, Uzi e Un tinham concentrações de carbono geralmente mais baixas do que Pete, Kisakasaka e Marhubi, apesar de os três últimos locais apresentarem níveis mais elevados de degradação, o que sugere que a variação local da produtividade pode obscurecer as relações gerais entre os locais. O conjunto de dados obtido também não continha representação de áreas em toda a escala de degradação. Por exemplo, para a percentagem de biomassa em falta (assumindo que representa melhor a extensão da degradação com base no acima exposto), os povoamentos de *Rhizophora* em Pete e Kisakasaka consistem apenas em parcelas altamente degradadas. Poderão ser necessárias mais réplicas em toda a gama de degradação para avaliar a relação de forma mais efectiva.

O contexto ambiental tem potencialmente uma grande influência na concentração de carbono e pode obscurecer quaisquer padrões resultantes da degradação. Factores como o tempo decorrido desde a degradação das florestas de mangais, a idade da floresta de mangais quando foi degradada, a composição da comunidade de mangais, as caraterísticas dos sedimentos e a distância da costa podem afetar a relação entre a degradação e o carbono subterrâneo. Zanzibar tem uma linha costeira muito heterogénea, ao contrário do Quénia, com ilhas mais pequenas, enseadas e enseadas que criam variabilidade entre locais hidrodinamicamente e geomorfologicamente, afectando potencialmente os processos BGC (Syste 2014, Coronado-Molina et al. 2012). Isto é aparente em Chwaka, onde existem dois grupos distintos de valores de concentração de carbono não explicados através de diferentes espécies de mangue. É possível que estes dois grupos representem dois sub-lugares (separados por uma variável ambiental desconhecida), no entanto, a partir de inspeção visual, dividir este local em dois não teria alterado drasticamente a direção da relação (Figura 40, 41 e 42). Para efeitos do presente estudo, não havia qualquer vantagem em fazê-lo.

Granek & Ruttenberg (2008) encontraram diferenças significativas entre os sítios na percentagem de material orgânico em povoamentos de mangue limpos. Este facto foi atribuído ao tempo decorrido desde a limpeza do local; dois locais de estudo tinham sido limpos recentemente, enquanto outros tinham sido limpos há até oito anos (Granek & Ruttenberg 2008). Os períodos de tempo necessários para que os processos de degradação produzam efeitos são desconhecidos. Consequentemente, os efeitos da degradação nalguns locais deste estudo podem ainda não ter sido visíveis devido ao abate nos últimos meses/anos. Para explorar plenamente esta ideia, seria necessário estabelecer estudos a longo prazo sobre o efeito da degradação nas reservas de carbono subterrâneas, com registos das datas de corte, etc.

Muitos estudos mostraram que florestas de mangue mais antigas têm maiores reservas de carbono devido a mais anos de produtividade e enterramento de carbono mais eficiente (Alongi 2014; Camacho *et al.* 2011; Santos *et al.* 2011; Alongi *et al.* 2004). Como a idade do povoamento era desconhecida neste estudo, isso também pode explicar a alta variabilidade da concentração de carbono entre os sítios. No entanto, outras variáveis ambientais - particularmente a produtividade do sítio e as caraterísticas do sedimento - podem estar em jogo, uma vez que Uzi, o sítio mais prístino com grandes árvores maduras, teve os valores mais baixos de concentração de carbono.

Outra variável que pode estar a determinar o efeito do local encontrado neste estudo pode ser a proximidade da costa. Cahoon *et al.* (2003) relataram a erosão das reservas de carbono em sedimentos de mangue após a perda de cobertura arbórea, o que pode ser devido à ação das ondas que oxidam as reservas de volta ao dióxido de carbono (McLeod *et al.* 2011). O aumento da erosão na costa baixa pode resultar na perda das reservas de carbono existentes a um ritmo mais rápido do que nos mangais em níveis elevados da costa (Tue *et al.* 2012; Kauffman *et al.* 2011).

As inconsistências encontradas podem ser devidas a grandes variações na concentração de carbono entre e dentro dos locais e à importância dos múltiplos outros factores discutidos (tais como espécies de árvores, cobertura de copa, estrutura da comunidade epibêntica, produtividade do local, altura da maré, idade do povoamento e entrada de água doce) que são susceptíveis de ter impacto no armazenamento e perda de C. A descoberta dos impactos da degradação florestal utilizando dados observacionais pode exigir uma compreensão mais sofisticada destes múltiplos efeitos de confusão potenciais; apesar dos dados extensivos de vários locais, houve uma variação considerável inexplicada. A abordagem experimental aqui adoptada fornece um apoio mais forte aos impactos negativos da degradação no armazenamento de carbono do que a abordagem do inquérito. A experiência sugere impactos rápidos e surpreendentemente profundos da remoção de árvores em pequena escala, com perdas de carbono estimadas semelhantes às que se verificam imediatamente após o abate em grande escala. Este resultado é necessariamente específico do sítio e da localização. Apesar de não fornecer uma imagem clara dos efeitos da degradação, os resultados de Zanzibar demonstram que uma abordagem de levantamento não é prática por si só e fornece uma visão sobre os factores que os estudos futuros devem considerar; a história do local é provavelmente o mais importante.

O estudo ideal seria uma comparação de ambas as abordagens, experimental e observacional, de modo a ter uma amostra suficientemente grande e poder ter em conta os factores anteriormente discutidos; o mais significativo será provavelmente o tempo decorrido desde a degradação.

## 5.5. Conclusão

Este estudo é único por ser o primeiro a comparar um teste experimental de degradação na BGC com um levantamento de campo dos impactos da degradação florestal no armazenamento de carbono nos sedimentos. Os resultados da experiência apoiam a hipótese de que a degradação da floresta de mangue tem um impacto negativo nas concentrações de carbono abaixo do solo; perda de BGC comparável ao desmatamento em grande escala. O período de tempo para que a degradação tenha efeito é evidentemente rápido (dentro de nove meses). No entanto, foi impossível encontrar um efeito significativo da degradação na concentração de carbono utilizando a abordagem de inquérito no terreno, principalmente devido ao facto de não se conhecer o momento da degradação. Trabalhos futuros, especialmente tentativas práticas destinadas a prever as perdas de carbono abaixo do solo após a degradação em esquemas REDD+ e PES de desmatamento e degradação evitados, podem precisar usar dados específicos do local; os resultados sugerem que a derivação de modelos preditivos gerais para a perda de carbono de sedimentos de mangue pode exigir um progresso considerável na compreensão dos fatores responsáveis. Uma vez que os impactos estimados do corte em pequena escala derivados aqui são semelhantes aos encontrados para impactos em escala muito grande, parece legítimo usar locais de comparação, quando disponíveis, que sofreram desmatamento total.

# CAPÍTULO 6: RESUMO E CONCLUSÕES

## 6.1. Objectivos da investigação

Este estudo tinha três objectivos principais. O primeiro era estabelecer métodos para quantificar o BGC dos mangais no Quénia e melhorar as estimativas actuais das reservas de carbono dos mangais, tanto no Quénia como noutros locais. As únicas estimativas relevantes publicadas de BGC no Quénia são para algumas pequenas parcelas numa única floresta, pelo que faltam dados sobre BGC no Quénia como um todo (Lang'at *et al.* 2014). Uma vez que a maior parte da literatura que descreve estudos noutros países considera as profundidades dos sedimentos apenas até 1-2m, as estimativas globais para as reservas médias de BGC nos mangais entre 479 t C ha$^{-1}$ e 1.171 t C ha$^{-1}$ são possivelmente subestimações significativas (Lang'at *et al.* 2014; Donato *et al.* 2011; Kauffman *et al.* 2011; Cuc *et al.* 2009; Fujimoto *et al.* 1999).

O segundo foi explorar as variáveis que afectam as reservas de BGC e produzir um modelo preditivo para mapear as reservas de BGC dos mangais para toda a costa do Quénia. Enquanto os modelos e mapas globais são úteis para informar uma compreensão geral da importância dos mangais, as avaliações ao nível dos países, regiões e locais são necessárias para resultados práticos de gestão, tais como a identificação de locais prováveis de REDD+.

O terceiro objetivo era investigar os efeitos da degradação florestal nas lojas de BGC utilizando uma combinação de uma abordagem experimental e de inquérito. A maior parte do trabalho centrou-se nos efeitos da limpeza total da floresta na BGC; no entanto, a degradação da floresta através do corte em pequena escala e de outros métodos de colheita também influencia potencialmente a BGC, mas é muito menos estudada.

## 6.2. Resultados da investigação

A exploração de diferentes métodos de amostragem e processamento de campo permitiu o refinamento da quantificação do BGC. A equação de regressão [6] estabelecida no Capítulo 2 permite a conversão de medições aleatórias da profundidade da haste em medições de profundidade mais exactas obtidas a partir do interior do furo de sondagem. Embora estas continuem a subestimar a profundidade dos sedimentos, esta abordagem constitui uma melhoria em relação aos procedimentos normais de medição da profundidade. Os sedimentos que são mais difíceis de medir (devido a uma massa densa de raízes ou a um substrato muito lamacento) beneficiarão mais da medição da profundidade do núcleo, uma vez que uma parte do sedimento já foi removida.

O fator de conversão da matéria orgânica para a concentração de carbono [7] estabelecido no Capítulo 2 foi necessário para a quantificação do carbono neste trabalho e deve ser útil para quaisquer estudos futuros nos mangais da África Oriental, uma vez que oferece uma equação relevante para ambientes hidroecológicos semelhantes. Muitos estudos anteriores aplicaram um valor genérico de 1,72 (DelVechia *et al.* 2014; McLeod *et al.* 2011; Duarte *et al.* 2005; Chmura *et al.* 2003); o valor de 2,2 derivado para Gazi sugere que existem factores específicos do local que podem ter uma influência significativa nas estimativas totais de C. Embora o fator de conversão desenvolvido em Gazi produzisse valores de carbono mais baixos do que o genérico, os níveis de carbono eram mais elevados do que outras estimativas na literatura (DelVechia *et al.* 2014; Tue *et al.* 2014; Saintilan *et al.* 2013; Donato *et al.* 2011; Chmura *et al.* 2003).

Este facto pode ser atribuído a uma maior produtividade em AGB ou a diferenças no fluxo de água sub-superficial devido a diferentes linhas costeiras geomorfológicas.

A falta de um efeito significativo da profundidade na densidade de carbono (CD) sugere que a amostragem de sedimentos nas camadas superficiais pode representar adequadamente os níveis presentes até 3m; economizando tempo, recursos e perturbação do sedimento. Alguns estudos demonstram uma diminuição na concentração de carbono (CC) com a profundidade (Tue - *et al.* 2014; Adame *et al.* 2013; Bianchi *et al.* 2013; Saintilan *et al.* 2013; Tue *et al.* 2012; Donato *et al.* 2011; Fujimoto *et al.* 1999). Isto reflecte alterações na química dos sedimentos e nas condições físicas com a profundidade; em particular, resulta provavelmente, na maioria das vezes, da diminuição do carbono orgânico devido à decomposição e lixiviação com a idade. No entanto, o foco aqui foi nas reservas de BGC e, portanto, a densidade de carbono é a medida mais apropriada de carbono sedimentar. A ausência de efeito de profundidade encontrada aqui no CD é mais do que provavelmente explicada pelo aumento da densidade aparente com a profundidade, que anula a diminuição do CC.

As estimativas de armazenamento de BGC obtidas através destes métodos melhorados demonstraram que os valores actuais de BGC estão a subestimar a quantidade de carbono armazenada nos sedimentos dos mangais. O BGC médio variou de 1.013 t C ha$^{-1}$ a 1.485 t C ha$^{1}$ , dependendo da espécie de mangue, indicando o grau de subestimação quando não se leva em conta as profundidades dos sedimentos além de 1 ou 2m; 479 t C ha$^{-1}$ a 1.171 t C ha$^{-1}$ são os valores médios na literatura atual (Donato *et al.* 2011; Kauffman *et al.* 2011; Cuc *et al.* 2009; Fujimoto *et al.* 1999).

Os métodos estabelecidos no Capítulo 2 em Gazi foram utilizados no segundo local de estudo (Vanga) com o objetivo de investigar qualquer variabilidade entre locais. Os resultados iniciais em Gazi indicaram que as espécies e a distância da costa eram os factores de previsão mais fortes da BGC. Um Fator de Inflação da Variância (VIF) elevado para a distância da costa sugeriu que esta foi confundida pelas espécies; o valor VIF de 684,19 demonstrou colinearidade. Como houve um efeito consistente das espécies no BGC em ambos os locais, as espécies foram mantidas no modelo preditivo juntamente com a profundidade média dos sedimentos para cada grupo de espécies. O modelo estabelecido no Capítulo 3 prevê, portanto, que qualquer variação dentro do país nas lojas BGC no Quénia é melhor prevista pelas espécies de mangue. *Rhizophora* continha a maior média de reservas de BGC (1.485 t C ha$^{-1}$ ), seguida por *Avicennia* (1.363 t C ha$^{-1}$ ) e *Rhizophora* Mix (1.201 t C ha$^{-1}$ ). *Avicennia* Mix (1,058 t C ha$^{-1}$ ) e *Ceriops* (1,012 t C ha$^{-1}$ ) apresentaram as menores médias de reservas de BGC. No caso de existirem áreas de mangais onde as espécies não foram identificadas, foi elaborado um modelo de BGC médio, o que significou obter uma média do BGC e da profundidade dos sedimentos em todos os grupos de espécies no Quénia. Isto também permitiu uma comparação de ambos os modelos para fornecer uma visão da diferença que a contabilização das espécies faz na estimativa do BGC para o Quénia.

A aplicação do modelo preditivo baseado em espécies do Capítulo 4 a um mapa de base da distribuição de espécies no Quénia com uma resolução de 2,5 m$^2$ produziu uma estimativa de 69,41 Mt C para BGC nos mangais quenianos. As estimativas do intervalo de confiança (IC) inferior e superior de 95% para o BGC total foram de 60,26 Mt C e 78,58 Mt C, respetivamente. Esta estimativa foi semelhante à produzida utilizando o modelo mais simples que se baseou num valor médio de BGC em todas as espécies de mangais: IC inferior: 62,64 Mt C, Média: 68,39 Mt C, IC superior: 74,15 Mt C. Isso sugere que, embora as espécies tenham um efeito significativo no BGC, o modelo mais simples pode fornecer estimativas valiosas em áreas com composição de espécies desconhecida. As áreas de baixo BGC parecem estar mais concentradas no sul, com lojas de BGC médio a alto no norte. Foi demonstrado que o impacto humano muda a dominância da floresta de *Rhizophora* para *Ceriops* (Kairo *et al.* 2002). As florestas do norte são mais remotas e sofrem menos impacto da atividade humana (Cohen *et al.* 2013). Assim, este BGC mais elevado por unidade encontrado no norte pode refletir uma maior proporção de áreas *de Rhizophora* ricas em carbono nestas florestas.

Estavam disponíveis mapas de distribuição de mangais para 1992 e 2010, o que permitiu efetuar estimativas de BGC para ambos os anos. A comparação das estimativas de BGC entre 1992 e 2010 revelou uma perda estimada de 6,24 Mt C (8,3%) no Quénia devido à perda de floresta de mangue. Curiosamente, isto é menos do que os 12,1% estimados da área espacial total de floresta que foi perdida durante o mesmo período de tempo (Kirui *et al.* 2013). Isto sugere que as áreas de floresta de mangue perdidas devido ao impacto humano estão predominantemente nas bordas externas da floresta, onde as densidades de carbono são menores. As áreas no perímetro das florestas tendem a ser mais vulneráveis devido à facilidade de acesso por estradas, etc. (Rideout *et al.* 2013).

A degradação da floresta através do corte em pequena escala e de outros métodos de colheita influencia potencialmente o BGC, mas é muito menos estudada do que a limpeza da floresta e a conversão da terra. Para responder ao objetivo final da tese, foram utilizadas abordagens experimentais (no Quénia) e de levantamento no terreno (em Zanzibar) para avaliar o impacto a curto prazo da remoção de árvores em pequena escala nas reservas de BGC nos mangais e para investigar se os efeitos da degradação a longo prazo na BGC podem ser detectados no terreno e quais são os melhores indicadores disso.

Tal como se mostra no Capítulo 5, foi investigado o impacto a curto prazo do corte experimental (árvores cortadas 20 cm acima da raiz da estaca mais alta) na BGC até uma profundidade de 3 m, 9 meses após o corte, numa floresta de mangue *Rhizophora mucronata* do Quénia. A degradação resultou numa perda inicial de reservas de C comparável à da limpeza total da floresta; aproximadamente 30 t C ha$^{-1}$ no prazo de 9 meses após o corte. Os efeitos negativos do corte na concentração de carbono nos sedimentos foram visíveis a uma profundidade de mais de 1m. Devido à grande variabilidade na concentração de carbono entre parcelas, o poder estatístico foi baixo e os efeitos significativos limitaram-se à interação entre os factores primários. No entanto, como a perda de carbono armazenado é comparável à da limpeza da floresta, é evidente que a degradação tem um efeito negativo nas reservas de BGC.

Um inquérito de campo às florestas de mangue de Zanzibar abordou a questão de saber se os efeitos a longo prazo da degradação na BGC podiam ser detectados no terreno e quais os potenciais indicadores (% de cepos, % de árvores cortadas ou % de biomassa em falta) mais indicativos. A BGC foi altamente variável e foi influenciada por uma série de variáveis, incluindo as espécies de mangais e a localização. Os impactos da degradação florestal no BGC não puderam ser previstos com base nas medidas acima do solo aqui utilizadas, muito provavelmente devido à existência de múltiplos factores de confusão potenciais, como o tempo decorrido desde a degradação, o que criaria uma elevada variabilidade dentro de cada local e entre locais nos níveis de carbono.

Estas duas abordagens tornaram claro que a degradação tem de facto um impacto negativo nas reservas de BGC, no entanto, sem o tempo de degradação conhecido, há demasiada variabilidade para detetar os efeitos utilizando indicadores acima do solo.

## 6.3. Implicações da investigação

O trabalho ao longo destes capítulos abordou muitas das lacunas de conhecimento (GiK's) na literatura que foram descritas no Capítulo 1, mais importante, melhorando as estimativas das reservas de BGC (GiK's 2-5) para além de 1m. É agora evidente que os sedimentos dos mangais podem conter reservas de carbono profundas e os valores relativos a apenas 1 m estão normalmente a subestimar significativamente não só as reservas presentes, mas também a potencial perda de carbono se estas florestas se perderem. O processo de produção do modelo preditivo abordou os GiK's 9, 11, 12 e 13, o que melhora o conhecimento sobre as variáveis que influenciam o BGC. Como o modelo preditivo derivado utiliza proxies acima do solo, permite um mapeamento eficiente e económico do carbono dos mangais, facilitando as avaliações do carbono florestal para fins de gestão, incluindo possíveis projectos de mitigação do clima. Em países como a Indonésia (Jardine & Siikamaki 2014), foi encontrada uma variação no BGC dentro do país, o que pode ser devido a linhas costeiras geomorfológicas mais heterogéneas que influenciam potencialmente a importação de material alóctone e a produção e exportação de material autóctone, através da descarga do rio, amplitude das marés, potência das ondas e turbidez (Saintilan *et al.* 2013; Yang *et al.* 2013; Adame *et al.* 2010). Como não foi evidente qualquer variação dentro do país neste trabalho, sugere-se que os pequenos países com linhas costeiras geomorfológicas homogéneas, como o Quénia, podem beneficiar de um modelo preditivo geral que forneça mapas de carbono de mangais muito necessários e económicos. Embora este modelo seja específico para o Quénia, pode fornecer estimativas de base para outros países até que sejam possíveis modelos específicos para cada país ou verificações no terreno. O mapeamento da BGC em todo o Quénia forneceu o nível de detalhe necessário para resultados práticos de gestão, tais como a identificação de locais prováveis de REDD+, e pode potencialmente ajudar outros países a conseguir o mesmo.

O significado da perda de mangais desde 1992 no Quénia tem sido até agora desconhecido, no entanto, com estas estimativas BGC, os danos em termos de reservas de carbono potencialmente perdidas são agora conhecidos e podem ser utilizados para futuros projectos de reflorestação e conservação. O maior AGB médio registado para os mangais do Quénia é de 200 t C ha$^{-1}$ em Kiunga, no extremo norte (Cohen *et al.* 2013). Assim, o BGC é sempre pelo menos 5 vezes superior ao AGC nas florestas do Quénia, e ignorá-lo em qualquer avaliação dos impactos da perda e conservação de florestas é um erro grave. Os resultados da experiência de degradação abordaram o GiK8 e apoiam a hipótese de que a degradação das florestas de mangais tem um impacto negativo no carbono abaixo do solo (perda de BGC comparável ao desmatamento em grande escala) e deve ajudar a apoiar as decisões políticas para a conservação dos mangais.

O modelo produzido aqui será relevante para as decisões de REDD+ em termos de quais áreas proteger e quais melhorar. Como são necessários muitos anos para que esses vastos estoques de BGC se acumulem, é vital que as áreas com maior BGC sejam conservadas. Proteger estes locais intocados tem de ser uma prioridade, não só porque demoraria muito tempo a construir estas reservas novamente, mas também porque, como os resultados do capítulo 5 no Quénia mostraram, a degradação em pequena escala pode resultar em grandes perdas de BGC num período de tempo relativamente curto. Como a investigação demonstrou que os mangais sofrem uma mudança de espécies de *Rhizophora* (BGC elevado) para *Ceriops* (BGC mais baixo) em locais degradados, a proteção das florestas *de Rhizophora* e a educação do público sobre métodos alternativos de abastecimento de combustível conservarão a maior parte do BGC. O trabalho pode então centrar-se na reflorestação dos locais degradados, especialmente no sul do Quénia, onde as florestas de mangue foram exploradas durante muitos anos. Utilizando o mapa de 1992, também seria possível destacar locais onde os mangais cresceram anteriormente e reintroduzi-los nessas áreas. Em geral, os resultados do trabalho realizado ao longo destes capítulos contribuíram para o conhecimento da ecologia dos mangais e forneceram estimativas de BGC para todo o Quénia, a fim de ajudar os projectos de conservação do carbono e a tomada de decisões políticas no que diz respeito às alterações climáticas.

## 6.4. Considerações sobre o trabalho futuro

Como acontece frequentemente com estudos ecológicos de campo, embora esta investigação tenha abordado muitas das lacunas da literatura atual, levantou outras questões. O trabalho futuro deve considerar a amostragem no norte do Quénia para confirmar as estimativas previstas e melhorar o modelo atual. Também seria benéfico testar o modelo noutros países com linhas costeiras geomorfológicas homogéneas, uma vez que, apesar de se tratar de um modelo específico de um país, forneceria estimativas de BGC de base para projectos de gestão de carbono em todo o mundo. Mais importante ainda, é vital que a subestimação da profundidade dos sedimentos aqui encontrada seja resolvida, a fim de apreciar plenamente a extensão das reservas de carbono dos mangais; atualmente, isto implicaria um trabalho de campo muito mais difícil na ausência de métodos sofisticados para estimar a profundidade dos sedimentos.

Uma das principais lacunas na literatura empírica diz respeito ao destino do BGC após a degradação. Os resultados actuais sugerem que a derivação de modelos preditivos gerais para a perda de carbono dos sedimentos dos mangais pode exigir um progresso considerável na compreensão dos factores responsáveis. Os resultados experimentais sugerem que existe a possibilidade de se perderem grandes quantidades de carbono, o que sublinha a necessidade de a investigação futura ter em conta este facto. Como mencionado no Capítulo 1, uma área-chave que precisa de ser explorada para preencher uma lacuna na literatura atual, sobre a qual se sabe relativamente pouco, é a idade do carbono armazenado nos sedimentos dos mangais. $^{14}$A datação por C forneceria informações sobre há quanto tempo essas reservas de carbono existem;[13] A análise de C forneceria a confirmação da fonte de carbono, ou seja, mangue ou não. A datação por radiocarbono tem sido usada em alguns estudos que exploram as taxas de sedimentação (Ellison 2008; Ellison 1993; Ellison e Stoddart 1991) e as taxas de sequestro de carbono (Fujimoto 2000). Como as raízes do mangue podem penetrar até 2 m de profundidade, a datação por radiocarbono de sedimentos de mangue em massa é problemática e imprecisa. Outro desafio na datação de sedimentos de mangue é lidar com a presença de caranguejos que podem trazer material orgânico mais antigo para a superfície do sedimento, dificultando a obtenção de idades fiáveis a partir destes sedimentos. Os microfósseis, particularmente o pólen, estão a provar ser um método fiável para a datação por radiocarbono devido à preservação a longo prazo nos sedimentos devido às condições anaeróbicas. A compreensão dos efeitos de diferentes origens de carbono na longevidade das reservas de carbono ajudaria na conservação e renovação. Embora se tenha demonstrado que a AGB tem uma relação positiva fraca com a BGC, é necessária mais investigação sobre os efeitos da produtividade acima do solo no sequestro e armazenamento de carbono. São também necessários mais conhecimentos sobre o impacto do fluxo das águas subterrâneas e das variações da inundação das marés no destino do carbono subterrâneo, para compreender melhor os factores que influenciam as reservas de BGC. Embora áreas-chave da literatura ainda precisem de ser investigadas, o presente trabalho contribuiu não só para a compreensão das reservas de carbono dos mangais em geral, mas também para a tomada de decisões políticas e de mercado em grande escala, utilizando o mapa BGC do Quénia.

# Referências

Allen, J.R.L. (2000) Morphodynamics of Holocene salt marshes: a review sketch from the Atlantic and Southern North Sea coasts of Europe, Quaternary Science Reviews 19: 1155-1231.

Adame, M.F., Kauffman, J.B., Medina, I., Gamboa, J.N. e Torres, O. (2013) Carbon Stocks of Tropical Coastal Wetlands within the Karstic Landscape of the Mexican Caribbean. PLOS ONE 8(2): e56569

Adame, M.F., Neil, D., Wright, S.F. e Lovelock, C.E. (2010) Sedimentação dentro e entre florestas de mangue ao longo de um gradiente de configurações geomorfológicas. Estuarine, Coastal and Shelf Science 86:2130.

Alongi, D.M., Tirendi, F. e Clough, B.F. (2000) Decomposição da matéria orgânica abaixo do solo em florestas de mangais Rhizophora stylosa e Avicennia marina ao longo da costa árida da Austrália Ocidental. Aquatic Botany 68:97-122.

Alongi D.M., Clough B.F., Dixon P., and Tirendi F. (2003) Nutrient partitioning and storage in arid-zone forests of the mangroves Rhizophora stylosa and Avicennia marina. Árvores: Structure and Functioning 17:51-60.

Alongi, D.M. (2012) Carbon sequestration in mangrove forests (Sequestro de carbono em florestas de mangue). Carbon Management 3(3):313-322.

Alongi, D.M. (2014) Carbon Cycling and Storage in Mangrove Forests (Ciclo e armazenamento de carbono em florestas de mangue). Revisão Anual de Ciências Marinhas 6:195-219.

Arrouays, D., Vion, I., Kicin, J.L., (1995) Spatial analysis and modelling of topsoil carbon storage in temperate forest humic loamy soils of France. Ciência do Solo 159:191-198.

Ashton, E.C., Hogarth, P.J. and Ormond, R. (1999) Breakdown of mangrove leaf litter in a managed mangrove forest in Peninsular Malaysia. Hydrobiologia 413:77-88.

Asner, G.P., Powell, G.V.N., Mascaro, J., Knapp, D.E., Clark, J.K., Jacobson, J., Kennedy-Bowdoin, T., Balaji, A., Paez-Acosta, G., Victoria, E., Secada, L., Valqui, M. e Flint, R.H. (2010) Estoques e emissões de carbono florestal de alta resolução na Amazônia. PNAS 107(38):16738- 16742.

Batjes, N.H. (1996) Total carbon and nitrogen in the soils of the world. European Journal of Soil Scienc 47:151-163.

Batjes, N.H. (2005) Estoques de carbono orgânico nos solos do Brasil. Uso e Manejo do Solo 21:22-24.

Batjes, N.H. (2008) Cartografia das reservas de carbono do solo da África Central utilizando o SOTER. Geoderma 146:58-65.

Balke, T., e Friess, D. A. (2015) Conhecimento geomórfico para restauração de manguezais: uma categorização pan-tropical, Earth Surface Processes and Landforms, *doi:* 10.1002/esp.3841.

Bauer, I.E., Bhatti, J.S., Cash, K.J., Tarnocai, C. e Robinson, S.D. (2005) Developing statistical models to estimate the carbon density of organic soils. Canadian Journal of Soil Science 86:295-304.

Beheshti, A., Raiesi, F. e Golchin, A. (2012) Propriedades do solo, fracções de C e sua dinâmica na conversão do uso do solo de florestas nativas para terras agrícolas no norte do Irão. Agricultura, Ecossistemas e Ambiente 148:121-133.

Bernoux, M., da Conceiçâo Santana Carvalho, M., Volkoff, B., Cerri , C.C. (2002) Brazil's Soil Carbon Stocks. Soil Science of America Jounrnal 66: 888-896.

Bianchi, F.J.J.A., Mikos, V., Brussaard, L., Delbaere, B. e Pulleman, M.M. (2013) Opportunities and limitations for functional agrobiodiversity in the European context. Environmental Science & Policy 1164(27):223-231.

Bosire, J.O., Dahdouh-Guebas, F., Kairo, J.G., Kazungu, J., Dehairs, F. e Koedam, N. (2005) Litter degradation and CN dynamics in reforested mangrove plantations at Gazi Bay, Kenya. Biological Conservation 126:287-295.

Bouillon, S., Borges, A.V., Castaneda-Moya, E., Diele, K., Dittmar, T., Duke, N. C., Kristensen, E., Lee, S. Y., Marchand, C., Middelburg, J. J., Rivera- Monroy, V. H., Smith III, T. J. e Twilley, R. R. (2008) Mangrove

produção e sumidouros de carbono: Uma revisão das estimativas do orçamento global.

Global Biochemical Cycles 22:GB2013, doi:10.1029/2007GB003052.

Bouillon, S., Dahdouh-Guebas, F., Rao, A.V.V.S., Koedam, N. e Dehairs, F. (2003) Sources of organic carbon in mangrove sediments: variability and possible ecological implications. Hydrobiologia 495:33-39.

Breithaupt, J.L., Smoak, J.M., Smith, T.J., Sanders, C.J. & Hoare, A. (2012) Taxas de enterramento de carbono orgânico em sedimentos de mangue: reforçando o orçamento global. Global Biogeochemical Cycles 26(3):GB3011, doi :10.1029/20012GB004375...

Brown, S. e Lugo, A.E. (1982) The Storage and Production of Organic Matter in Tropical Forests and Their Role in the Global Carbon Cycle. Biotropica 42(3):161-187.

Brown, S., Sathaye, J, Cannell, M. e Kauppi, P.E. (1996) Mitigation of carbon emissionsto the atmosphere by forest management. Commonwealth Forestry Review 75(1):80-91.

Bui E., Henderson B. e Viergever K. (2009) Utilização da descoberta de conhecimentos com extração de dados da base de dados do sistema australiano de informação sobre recursos do solo para informar a cartografia do carbono do solo na Austrália. Global Biogeochemical Cycles 23:GB4033, doi:10.1029/2009GB003506.

Bullock, C.H., Collier, M.J. e Convery, F. (2012) Peatlands, their economic value and priorities for their future management - The example of Ireland. Land Use Policy 29:921-928.

Burkill, P.H., S.D. Archer, C. Robinson, P.D. Nightingale, S.B. Groom, G.A. Tarran e M.V. Zubkov. (2002) Dimethyl sulphide biogeochemistry within a coccolithophore bloom (DISCO): an overview. Deep Sea Research II 49(15):2863-2885.

Cairns, M.A., Brown, S., Helmer, E.H. e Baumgardner, G.A. (1997) Root biomass allocation in the world's upland forests. Oecologia 111:1-11.

Cerón-Bretón, J.G., Cerón-Bretón, R.M., Rangel-Marrón, M., Muriel-Garcia, M., Cordova-Quiroz, A.V. e Estrella-Cahuich, A. (2011) Determinação da taxa de sequestro de carbono no solo de uma floresta de mangue em Campeche, México. WSEAS Transactions on Environment and Development 7(2): 55-64.

Chen, L., Zeng, X., Tam, N.F.Y., Lu, W., Luo, Z., Du, X. e Wang, J. (2012) Comparação do sequestro de carbono e da estrutura de povoamento de monoculturas e plantações mistas de mangue de *Sonneratia caseolaris* e *S. apetala* no sul da China. Forest Ecology and Management 284:222-229.

Chmura, G.L., Anisfeld, S.C., Cahoon, D.R. e Lynch, J.C. (2003) Global carbon sequestration in tidal, saline wetland soils. Global Biochemical Cycles 17(4).

Cohen, R., Kaion, J., Okello, J. A., Bosire, J. O., Kairo, J. G., Huxham, M., & Mencuccini, M. (2013) Propagando a incerteza para estimativas de biomassa acima do solo para manguezais do Quénia: A Scaling Procedure from Tree to Landscape Level (Um Procedimento de Escala da Árvore ao Nível da Paisagem). Forest Ecology and Management 310:968-982.

Coronado-Molina, C., Alvarez-Guillen, H., Day Jr, J.W., Reyes, E., Perez, B.C., Vera-

Herrera, F. e Twilley, R. (2012) Litterfall dynamics in carbonate and deltaic mangrove ecosystems in the Gulf of Mexico. Wetlands Ecology and Mangement 20(2):123-136.

Cuc, N.T.K., Ninomiya, I., Long, N.T., Tri, N.H., Tuan, M.S. e Hong, P.N. (2009) Acumulação de carbono abaixo do solo em plantações jovens de Kandelia candel (L.) Blanco na foz do rio Thai Binh, norte do Vietname. Jornal Internacional de Ecologia e Desenvolvimento 12:107-117.

Dargie, G.C., Farfan, W.R., Garcia, K.C. (2010) Armazenamento de carbono do ecossistema através da transição pradaria-floresta nos altos Andes do Parque Nacional de Manu, Peru. Ecossistemas 13:1097-1111.

DelVecchia, A.G., Bruno, J.F., Benninger, L. Alperin, M., Banerjee, O. e Morales, J.D. (2014) Organic carbon inventories in natural and restored Ecuadorian mangrove forests. Peer J 2:e388.

Dixon, R.K., S. Brown, R.A. Houghton, A.M. Solomon, M.C. Trexler e J. Wisniewski. (1994) Carbon pools and flux of global forest ecosystems. Science 263:185-190.

Donato, D. C., Kauffman, R.A., Mackenzie, A., Ainsworth e A.Z., Pfleeger. (2012) Estoques de carbono em toda a ilha no Pacífico tropical: Implicações para a conservação de manguezais e restauração de terras altas. Jornal de Gestão Ambiental 97:89-96.

Donato, D.C., Kauffman, J.B., Murdiyarso, D., Kurnianto, S., Stidham, M. & Kanninen, M., (2011) Mangroves among the most carbon-rich forests in the tropics. Nature Geoscience 4:293-297.

Drake, J. B., Dubayah, R. O., Clark, D. B., Knox, R. G., Blair, J. B., Hofton, M. A., et al. (2002) Estimation of tropical forest structural characteristics using large-footprint lidar. Remote Sensing of Environment 79:305-319.

Duarte, C.M., Dennison W.C., Orth R.J.W. and Carruthers T.J.B. (2008) The charisma of coastal ecosystems: addressing the imbalance. Estuários e Costas 31:233-238.

Duarte, C.M., Middelburg, J.J., Caraco, N. (2005) Papel importante da vegetação marinha no ciclo do carbono oceânico. Biogeosciences 2:1-8.

Duke, N. C., Meynecke, J. O., Dittmann, S., Ellison, A. M., Anger, K., Berger, U., Cannicci, S., Diele, K., Ewel, K. C., Field, C. D., Koedam, N., Lee, S.

Y., Marchand, C., Nordhaus, I. e Dahdouh-Guebas, F. (2007) A world without mangroves? Science 317:41-42.

Ellison, J.C. (2008) Retrospeção a longo prazo do desenvolvimento dos mangais utilizando núcleos de sedimentos e análise polínica: A review. Aquatic Botany 89(2): 93104.

Ellison, J.C. (1993) Mangrove retreat with rising sea-level, Bermuda. Estuarine Coastal and Shelf Science 37:75-87.

Ellison, J.C. and Stoddart, D.R. (1991) Mangrove ecosystem collapse during predicted sea-level rise: Holocene analogue and implications. Journal of Coastal Reseach 7:151-165.

Fearnside, P.M. e Barbosa, R.I. (1998) Soil carbon changes from conversion of forest to pasture in Brazilian Amazonia, Forest Ecology and Management 108:147-166.

Fontaine, S., Barot, S., Barre, P., Bdioui, N., Mary, B. e Rumpel, C. (2007) Stability of organic carbon in deep soil layers controlled by fresh carbon supply. Nature 450(7167): 277-280.

Friedlingstein[1] P., Houghton, R. A., Marland, G., Hackler, J., Boden,T. A., Conway, T. J., Canadell, J. G., Raupach, M. R., Ciais, P.,e Le Qùefe, C. (2010) Update on CO2 emissions. Nature Geoscience 3:811 -812.

Fujimoto, K. (2000) Belowground carbon sequestration of mangrove forests in the Asia-Pacific Region, Actas do Workshop Internacional da UNU Asia-Pacific Cooperation on Research for Conservation of Mangroves, Okinawa, Japão.

Fujimoto, K., Imaya, A., Tabuchi, R., Kuramoto, S., Utsugi, H. e Murofushi, T. (1999) Belowground carbon storage of Micronesian mangrove forests. Ecological Research 14:409-413.

Gacia, E., C.M. Duarte, J.J. Middelburg. (2002) Deposição de carbono e nutrientes num prado mediterrânico de ervas marinhas (Posidonia oceanica). Limnology and Oceanography 47:23-32.

Gibbon, A., Silman, M.R., Malhi, Y., Fisher, J.B., Meir, P., Zimmermann, M., Dargie, G.C., Farfan, W.R., Garcia, K.C. (2010) Ecosystem carbon storage across the grassland-forest transition in the high Andes of Manu

Parque Nacional, Peru. Ecosystems 13:1097-1111.

Giri, C., Ochieng, E., Tieszen, L.L., Zhu, Z., Singh, A., Loveland, T., Masek, J., Duke, N., (2010) Status and distribution of mangrove forests of the world using earth observation satellite data. Global Ecology and Biogeography 20:154-159.

Granek, E. and Ruttenberg, B. I. (2008) Changes in biotic and abiotic processes following mangrove clearing. Estuarine, Coastal and Shelf Science 80:555-562.

Grunwald, S. (2009) Multi-criteria characterization of recent digital soil mapping and modeling approaches, Geoderma 152:195-207.

Guimaraes, D.V., Gonzaga, M.I.S., Silva, T.O., Silva, T.L., Dias, N.S. and Matias, M.I.S. (2013) Soil organic matter pools and carbon fractions in soil under different land uses, Soil & Tillage Research 126:177-182.

Guo, Y., Amundson, R., Gong, P. e Yu, Q. (2006) Quantity and spatial variability of soil carbon in the conterminous United States. Soil Science Scociety of America Journal 70:590-600.

Houghton, J.T., Jenkins, G.J. e Ephraums,J.J. (1990) Climate Change: the IPCC scientific assessment, Cambridge University Press.

Houghton, R.A. (2007) Balancing the global carbon budget. Revista Anual de Ciências da Terra e Planetárias 35:313-347.

Houghton, R.A., House, J.I., Pongratz, J., van der Werf, G.R., DeFries, R.S., Hansen, M.C, Le Quere, C. e Reamankutty, N. (2012) Carbon emissions from land use and land-cover change. Biogeosciences 9:5125-5142.

Howard, P. J. A., P. J. Loveland, R. I. Bradley, F. T. Dry, D. M. Howard, e D. C. Howard (1995) The carbon content of soil and its geographical distribution in Great Britain, Soil Use Management 11:9-15.

Howe, A.J., Rodriguez, J.F. and Saco, P.M. (2009) Surface evolution and carbon sequestration in disturbed and undisturbed wetland soils of the Hunter estuary, southeast Australia. Estuarine. Coastal and Shelf Science 84(1):75-83.

Hutchison, J., Manica, A., Swetnam, R., Balmford, A. e Spalding, M. (2013) Predicting global patterns in mangrove forest biomass. Conservation Letters 7:233-40.

Huxham, M., Emerton, L.,Kairo, J., Munyi, J., Abdirizak, H., Hillams, T., Nunan, F. e Briers, R. (2015) Envisioning a Better Future for Kenyan Mangroves: Business as Usual ou Desenvolvimento Compatível com o Clima

Huxham, M., Langat, J., Tamooh, F., Kennedy, H., Mencuccini, M., Skov, M.W. e Kairo, J. (2010) Decomposição de raízes de mangue: Efeitos da localização, nutrientes, identidade das espécies e mistura numa floresta do Quénia. Estuarine, Coastal and Shelf Science 88:135-142.

IPCC, 2001:Climate Change (2001) The Scientific Basis. Contribuição do Grupo de Trabalho I para o Terceiro Relatório de Avaliação do Painel Intergovernamental sobre Alterações Climáticas [Houghton, J.T., Y. Ding, D.J. Griggs, M. Noguer, P.J. van der Linden,

X. Dai, K. IPCC, 2001:Climate Change 2001: The Scientific Basis. Contribuição do Grupo de Trabalho

Grupo I do Terceiro Relatório de Avaliação do Painel Intergovernamental sobre as Alterações Climáticas [Houghton, J.T., Y. Ding, D.J. Griggs, M. Noguer, P.J. van der Linden, X. Dai, K., Maskell, and C.A. Johnson (eds.)]. Cambridge University Press, Cambridge, Reino Unido e Nova Iorque, NY, EUA :881

IPCC, 2013: Climate Change 2013: The Physical Science Basis. Contribuição do Grupo de Trabalho I para o Quinto Relatório de Avaliação do Painel Intergovernamental sobre Alterações Climáticas [Stocker, T.F., D. Qin, G.-K. Plattner, M. Tignor, S.K. Allen, J. Boschung, A. Nauels, Y. Xia, V. Bex e P.M. Midgley (eds.)]. Cambridge University Press, Cambridge, Reino Unido e Nova Iorque, NY, EUA, 1535 pp.

IPCC, 2014: Climate Change 2014: Impacts, Adaptation, and Vulnerability. Parte A: Aspectos globais e sectoriais. Contribuição do Grupo de Trabalho II para o Quinto Relatório de Avaliação do Painel Intergovernamental sobre as Alterações Climáticas [Field, C.B., V.R. Barros, D.J. Dokken, K.J. Mach, M.D. Mastrandrea, T.E. Bilir, M. Chatterjee, K.L. Ebi, Y.O. Estrada, R.C. Genova, B. Girma, E.S. Kissel, A.N. Levy, S. MacCracken, P.R. Mastrandrea, and L.L. White (eds.)]. Cambridge University Press, Cambridge, Reino Unido e Nova Iorque, NY, EUA, 1132 pp.

Jardine, S.L. e Siikamäki, J.V. (2014) Um modelo preditivo global de carbono em solos de mangue. Cartas de Pesquisa Ambiental 9: e104013

Johnson, D.W. and Curtis, P.W. (2001) Effects of forest management on soil C and N storage: meta-analysis. Forest Ecology and Management 140:227-238.

Kairo, J. G., Dahdouh-Guebas, F., Gwada, P. O., Ochieng, C., e Koedam, N. (2002) Regeneration status of mangrove forests in Mida Creek, Kenya: a compromised or secured future? Ambio, 31:562-568.

Kairo, J.G., Lang'at, J.K.S., Dahdouh-Guebas, F., Bosire, J. e Karachi, M. (2008) Structural development and productivity of replanted mangrove plantations in Kenya. Forest Ecology and Management 255:2670-2677.

Kauffman, J.B., Heider, C., Cole, T.G., Dwire, K.A. e Donato, D. (2011) Ecosystem Carbon Stocks of Micronesian Mangrove Forests. Wetlands 31:343-352.

Kern, J. S. (1994) Spatial patterns of soil organic carbon in the contiguous United States. Soil Science Society of America Journal 58:39-455.

Kim, C. (2000) Efeitos do coberto vegetal na decomposição da celulose em povoamentos de carvalhos e pinheiros. Jornal de Investigação Florestal 5:145-149.

Kirui, K.B., Kairo, J.G., Bosire, J., Viergever, K.M., Rudra, S., Huxham, M. e Briers, R.A. (2013) Mapeamento da mudança de cobertura do solo da floresta de mangue ao longo da costa do Quénia utilizando imagens Landsat. Ocean & Coastal Management 83:19-24.

Kitheka, J.U. (1996) Water circulation and coastal trapping of brackish water in a tropical mangrove-dominated bay in Kenya. Jornal de Oceanografia e Limnologia 41(1):169-176.

Kristensen, E., Bouillon, S., Dittmar, T. e Marchand, C. (2008) Organic carbon dynamics in mangrove ecosystems: A review. Aquatic Botany 89:201-219.

Kumara, M.P., Jayatissa, L.P., Krauss, K.W., Philips, D.H. e Huxham, M. (2010) A elevada densidade dos mangais aumenta a acreção da superfície, a alteração da elevação da superfície e a sobrevivência das árvores em zonas costeiras susceptíveis à subida do nível do mar. Oecologia 164:545-553.

Lacerda, L.D, Ittekkot, V. e Patchineelam, S.R. (1995) Bioquímica da Matéria Orgânica do Solo de Manguezal: uma Comparação entre Solos de Rhizophora e Avicennia no Sudeste do Brasil. Estuarine, Coastal and Shelf Science 40:713-720.

Laffoley, D.d'A. & Grimsditch, G. (eds). (2009) The management of natural coastal carbon sinks. IUCN, Gland, Suíça:53.

Lang'at, J.K.S., Kairo, J.G., Mencuccini, M., Bouillon, S. e Skov, M.W., Waldron, S. e Huxham, M. (2014) Perdas rápidas de elevação da superfície após o corte e a poda de árvores em mangais tropicais. PLOS ONE 9(9):e107868.

Le Quéré, C., Raupach, M.R., Canadell, J.G. e Marland, G. (2009) Trends in the sources and sinks of carbon dioxide. Nature Geoscience DOI:10.1038/ngeo689.

Liu, H., Ren , H., Hui , D., Wang , W., Liao , B. e Cao , Q. (2013) Carbon stocks and potential carbon storage in the mangrove forests of China. Journal of Environmental Management 133:86-93.

Livesley, S.J. e Andrusiak, S.M. (2012) Os sedimentos de mangais e sapais temperados são uma pequena fonte de metano e de óxido nitroso, mas um importante armazém de carbono. Estuarine, Coastal and Shelf Science 97:19-27.

Lovelock, C.E., Ruess, R.W. e Felle, I.C. (2011) CO2 Efflux from Cleared Mangrove Peat. PLOS ONE 6(6):e21279.

Lunstrum, A. e Chen, L. (2014) Estoques de carbono do solo e acumulação em florestas de mangue jovens. Soil Biology & Biochemistry 75:223-232.

Maher, D.T., Santos, I.R., Golsby-Smith, L., Gleeson, J. and Eyre, B.D. (2013) Groundwater-derived dissolved inorganic and organic carbon exports from a mangrove tidal creek: The missing mangrove carbon sink? Limnology and Oceanography 58(2):475-488.

Manning, A.C., e R.F. Keeling. (2006) Global oceanic and land biotic carbon sinks from the Scripps atmospheric oxygen flask sampling network. Tellus-B 58(2):95-116.

McKee, K.L. (1993) Soil Physicochemical Patterns and Mangrove Species (Padrões físico-químicos do solo e espécies de mangue)

Distribuição - Efeitos recíprocos? Journal of Ecology 81(3):477-487.

McKee, K.L., Cahoon, D.R. and Feller, I.C. (2007) Caribbean mangroves adjust to rising sea level through biotic controls on change in soil elevation. Global Ecology and Biogeography 10:1466-8238.

McLeod, E., Chmura, G.L., Bouillon, S., Salm, R., Bjork, M., Duarte, C.M., Lovelock, C.E., Schlesinger, W.H. e Silliman, B.R. (2011) A blueprint for blue carbon: towards an improved understanding of the role of vegetated coastal habitats in sequestering $CO_2$. Frontiers in Ecology and the Environment 9(10):552-560.

Milne, R., e Brown, T.A. (1997) Carbon in the vegetation and soils of Great Britain, Journal of. Environmental Management 49:413-433.

Muzuka, A.N.N and Shunula, J.P. (2006) Stable isotope compositions of organic carbon and nitrogen of two mangrove stands along the Tanzanian coastal zone. Estuarine, Coastal and Shelf Science 66(3-4):447-458.

Nellemann, C., Corcoran, E., Duarte, C. M., Valdés, L., De Young, C., Fonseca, L., e Grimsditch, G. (2009) Blue Carbon. A Rapid Response Assessment. Programa das Nações Unidas para o Ambiente, GRID-Arendal, www.grida.no

Neukermans, G, Dahdouh-Guebas F, Kairo JG, Koedam N. (2008) Espécies de mangais e cartografia de povoamentos na Baía de Gazi (Quénia) utilizando imagens de satélite Quickbird. Journal of Spatial Science 53(1):75-86.

Olsson, B.A., Bengtsson, J. e Lundkvist, H. (1996) Effects of different intensities on the pools of exchangeable cations in coniferous forest soils. Forest Ecology Management 84:135-147.

Ong, J.E. (1993) Mangroves - A carbon source and sink. Chemosphere. 27(6):1097-1107.

Ostle , N.J., Levy , P.E., Evans , C.D. e Smith, P. (2009) UK land use and soil carbon sequestration. Land Use Policy:26274-283.

Pendleton L, Donato D C, Murray B C, Crooks S, Jenkins W A, Sifleet S, Craft C, Fourqurean J W, Kauffman J B e Marbà N (2012) Estimating global 'blue carbon' emissions from conversion and degradation of vegetated coastal ecosystems, PlOS one 7:e43542.

Putz, F.E., Zuidema, P.A., Pinard, M.A., Boot, R.G.A., Sayer, J.A., Sheil, D., Elias, P.S. e Vanclay, J.K. (2008) Improved Tropical Forest Management for Carbon Retention. Plos Biology 6(7):1368-1369.

Ren H., Chen, H., Li, Z.A. e Han, W.D. (2010) Acumulação de biomassa e armazenamento de carbono de quatro plantações de Sonneratia apetala com diferentes idades no sul da China. Plant and Soil 327:279-291.

Rideout, A.J.R., Joshi, N.P., Viergever, K.M., Huxham, M. e Briers, R.A. (2013) Fazer previsões da desflorestação de mangais: uma comparação de dois métodos no Quénia. Global Change Biology 19:3493-3501.

Rodrigues, D.P., Hamacher, C., Soares, M.L.G. e Estrada, G.C.D. (2015) Variabilidade do teor de carbono em espécies de mangue: efeito de espécies, compartimentos e frequência de maré, Aquatic Botany 120: 346-351.

Romigh, M.M, Davis III , S.E., Rivera-Monroy, V.H. e Twilley, R.R. (2006) Fluxo de carbono orgânico numa zona húmida de mangais ribeirinhos nos Everglades costeiros da Florida. Hydrobiologia 569:505-516.

Ronnback, P., Crona, B. And Ingwall, L. (2007) The return of ecosystem goods and services in replanted mangrove forests: perspectives from local communities in Kenya. Environmental Conservation 34(4):313-324.

Saatchi S., Marlier, M., Chazdon, R.L., Clark, D.B. e Russell, A.E. (2011) Impact of spatial variability of tropical forest structure on Radar estimation of aboveground biomass. Remote Sensing of Environment 115(11): 2836-2849.

Saatchi, S., Despain, D., Halligan, K., Crabtree, R., & Yu, Y. (2007) Estimating forest fire fuel load from radar remote sensing. IEEE Geoscience and Remote Sensing 45:1726-1740.

Saintilan, N., Rogers, K., Mazumder, D., e Woodroffe, C. (2013) Contribuições alóctones e autóctones para a acumulação de carbono e armazenamento de carbono nas zonas húmidas costeiras do sudeste da Austrália. Ciência da Plataforma Costeira Estuarina 128:84-92.

Sakho, I., Mesnage, V., Copard, Y., Deloffre, J., Faye, G., Lafite, R. e Niang, I.

(2014) Uma análise transversal da matéria orgânica sedimentar num ecossistema de mangais em condições de clima seco: O estuário do Somone, Senegal. Jornal de Ciências da Terra Africanas 101:220-231.

Schultze, E.D., Wirth, C. e Heimann, M. (1999) CLIMATE CHANGE: Managing Forests After Kyoto. Science 289:2058-2059.

Siikamăki J, Sanchirico J N e Jardine S L (2012) Potencial económico global para reduzir as emissões de dióxido de carbono resultantes da perda de mangais. Actas da Academia Nacional de Ciências 109(36):14369-14374.

Silver, W. L. e Miya, R. K. (2001) Global patterns in root decomposition: comparisons of climate and litter quality effects. Oecologia 129:407-419.

Syste, N. (2014) Mangrove ecology: http://www.eoearth.org/view/article/159955

Tamooh, F., Huxham, M., Karachi, M., Mencuccini, M., Kairo, J.G. e Kirui, B.

(2008) Produção e distribuição de raízes abaixo do solo em florestas de mangue naturais e replantadas na baía de Gazi, Quénia. Forest Ecology and Management 256:1290-1297.

Tate, K. R., Wilde, R. H. , Giltrap, D. J. , Baisden, W. T., Saggar, S., Trustrum, N. A., Scott, N. A. e Barton, J. P. (2005) Soil organic carbon stocks and flows in New Zealand: Desenvolvimento, medição e modelação de sistemas. Canadian Journal of Soil Science 85:481-489.

Tue, N.T., Dung, L.V, Nhuan, M.T. e Omori, K. (2014) Armazenamento de carbono de uma floresta de mangue tropical no Parque Nacional Mui Ca Mau, Vietname. Catena 121:119-126.

Tue, N.T., Ngoc, N.T, Quy, T.D., Hamaoka, H., Nhuan, M.T. e Omori, K. (2012) Uma análise intersistemas do carbono orgânico sedimentar nos ecossistemas de mangais do Parque Nacional de Xuan Thuy. Vietname. Journal of Sea Research 67:69-76.

Twilley, R.R., Chen, R.H. and Hargis, T. (1992) Carbon sinks in mangroves and their implications to carbon budget of tropical coastal ecosystems. Water, Air, and Soil Pollution 64:265-288.

Twilley, R.R., Lugo, A.E. e Patterson-Zucca, C. (1986) Litter Production and Turnover in Basin Mangrove Forests in Southwest Florida. Ecological Societyy of America 67(3):670-683.

Convenção PNUA-Nairobi e WIOMSA (2015) Relatório Regional sobre o Estado da Costa: Oceano Índico Ocidental. PNUA e WIOMSA, Nairobi, Quénia, 546 pp.

UNEP/Secretariado da Convenção de Nairobi e WIOMSA (2009) Regional synthesis report on the review of the policy, legal and institutional frameworks in the Western Indian Ocean (WIO) region, UNEP, Nairobi Kenya, 104p.

Viscarra Rossel, R.A., Webster, R., Bui, E.N. e Baldock, J.A. (2014) Mapa de referência do carbono orgânico no solo australiano para apoiar a contabilidade nacional do carbono e a monitorização no âmbito das alterações climáticas. Biologia das Alterações Globais 20:2953-2970.

Wang, G., Guan, D., Peart, M.R., Chen, Y. e Peng, Y. (2013) Reservas de carbono do ecossistema da floresta de mangue na Baía de Yingluo, Província de Guangdong no Sul da China. Forest Ecology and Management 310:539-546.

Waycott, M., Duarte, C.M., Carruthers, T. J.B., Orth, R.J., Dennison, W.C., Olyarnik, S., Calladine, A., Fourqurean, J.W., Heck, K.L.Jr., Hughes, A.R., Kendrick, G.A., Kenworthy, W.J., Short, F.T. e Williams, S.L. (2009) Accelerating loss of seagrasses across the globe threatens coastal ecosystems. Actas da Academia Nacional de Ciências dos EUA (PNAS) 106:12377-12381.

Woodroffe, C. (1992) Mangrove Sediments and Geomorphology, em Tropical Mangrove Ecosystems (eds A.I. Robertson e D.M. Alongi). Coastal and Estuarine Studies, American Geophysical Union, Washington, D. C. doi: 10.1029/CE041p0007.

Wu, H., Guo, Z. e Peng, C. (2003) Distribution and storage of soil organic carbon in China. Global Biogeochemistry Cycles 17(2):1048.

Yanai, R.D., Stehman, S.V., Arthur, M.A., Prescott, C.E., Friedland, A.J., Siccama, T.G. e Binkley, D. (2003) Detecting change in forest floor carbon. Soil Science Society of America Journal 67:1583-1593.

Yang, J., Gao, J., Cheung, A., Liu, B., Schwendenmann, L. e Costello, M.J. (2013) Caraterísticas da vegetação e dos sedimentos numa floresta de mangue em expansão na Nova Zelândia. Estuarine, Coastal and Shelf Science 134:11-18.

Yu, D.S., Shi, X.Z., Wang, H.J., Sun, W.X., Chen, J.M., Liu, Q.H. e Zhao, Y.C., (2007) Regional patterns of soil organic carbon stocks in China. Journal of Environmental Management 85 (3):680-689.

Zhang, J., Shen, C., Ren, H., Wang, J. e Han, W. (2012) Estimando a mudança no conteúdo de carbono orgânico sedimentar durante a restauração de manguezais no sul da China usando medições isotópicas de carbono. Pedosphere 22(1):58-66.

yes
**I want** morebooks!

Buy your books fast and straightforward online - at one of world's fastest growing online book stores! Environmentally sound due to Print-on-Demand technologies.

Buy your books online at
**www.morebooks.shop**

Compre os seus livros mais rápido e diretamente na internet, em uma das livrarias on-line com o maior crescimento no mundo! Produção que protege o meio ambiente através das tecnologias de impressão sob demanda.

Compre os seus livros on-line em
**www.morebooks.shop**

Printed by Books on Demand GmbH, Norderstedt / Germany